多中心城市建设与"城市病"治理

杨 卡 著

中国财经出版传媒集团
经济科学出版社
Economic Science Press

图书在版编目（CIP）数据

多中心城市建设与"城市病"治理／杨卡著.—北京：经济科学出版社，2017.3

ISBN 978 - 7 - 5141 - 7863 - 0

Ⅰ.①多…　Ⅱ.①杨…　Ⅲ.①城市建设 - 研究 - 中国 ②城市空间 - 空间规划 - 研究 - 中国

Ⅳ.①F299.2 ②TU984.2

中国版本图书馆 CIP 数据核字（2017）第 057302 号

责任编辑：宋艳波
责任校对：曹　力
责任印制：王世伟

多中心城市建设与"城市病"治理

杨　卡　著

经济科学出版社出版、发行　新华书店经销

社址：北京市海淀区阜成路甲 28 号　邮编：100142

总编部电话：010 - 88191217　发行部电话：010 - 88191522

网址：www. esp. com. cn

电子邮件：esp@ esp. com. cn

天猫网店：经济科学出版社旗舰店

网址：http://jjkxcbs. tmall. com

北京季蜂印刷有限公司印装

787 × 1092　16 开　9.5 印张　150000 字

2017 年 3 月第 1 版　2017 年 3 月第 1 次印刷

ISBN 978 - 7 - 5141 - 7863 - 0　定价：28.00 元

目　　录

引　言

　　城市，将走向何方？城市空间，将如何演变？这是一个古老而常新的课题。城市，汇聚了人类文明的精华，但也面临着人类最头疼的问题，拥堵、污染、无序蔓延、房价高涨……这些问题令众多城市管理者不知所措，也令研究者和市民错愕。中国的城市化已步入快速推进阶段，随之而来的是各种城市问题的凸显。必须承认，城市在不同的社会背景和发展阶段中，必然会存在着这样或那样的问题，这样或那样的"症状"，也就是说"城市病"难以完全根除和杜绝；但是，我们可以通过发现"病因"和"发病机理"来缓解"症状"，从而尽可能地将它的不良影响降至最低限度，也即，"城市病"可以治理。

　　国际大都市的发展经验表明，新城的发展与多中心城市空间的构建是城市快速扩展中的常见模式，也是目前找到的缓解城市无序蔓延、解决住房不足、中心拥挤等诸多问题的重要途径之一。随着人口、产业向中国大城市的不断聚集，单中心城市格局在效率和解决城市问题方面都受到制约，而"中心城—新城"构成的多中心空间格局已经成为大都市区发展的重要趋势，但新城和多中心构建中还存在不少误区，普遍存在着功能单一、设施不完善、发展滞后、交通不便等状况，对于城市病的缓解作用仍然有限。如今，北京和上海、广州等城市一起成为多中心格局发展最前沿的城市，其多中心空间格局的发展建设在我国具有先导性和引领作用，所面临的很多城市问题也频繁地在其他城市出现，这些问题所遵循的发展机理也与许多特大城市有着较大的相通性。北京、上海和广州市多中心空间的发展、规划和治理方式，不仅凝结着我国城市空间研究的前沿问题，也将成为其他城市模仿和学习的对象。因此，本书以北京、上海和广州等大都市的建设实践为例证，以北京市为重点案例，详细分析我国特大都市区域"城市病"发展机理和多中心空间格局演进，探寻通过城市人口、经济空间格局部署来缓解"城市病"的路径，并期待能给其他城市以借鉴思路。

本书采用了自组织分析、因子分析、空间自相关分析、数据统计、文献梳理等多种方法，对中国大都市"城市病"和人口空间发展模式进行深入的分析，比较全面地展现了城市人口空间格局的发展演变特征及其对"城市病"的影响机制。进而，总结出通过人口格局调整来缓解"城市病"治理的推、拉力模式，提出建设多中心空间的基本建议和通过资源均衡化推进人口疏散的策略，并在最后一章主要基于多中心城市空间建设提出了针对特定"城市病"的治理对策，从公共管理的视角提出治理"城市病"的问题导向式体制创新策略。

本书的撰写受到了国家社科基金青年项目的资助，在课题研究中，笔者集中精力，克服困难，认真严谨地进行资料搜集、分析，力求全面、系统、综合地完成"城市病"治理的多中心建设和人口疏散研究，在研究中也尽量融合多种视角和研究方法，即便如此，仍觉学识粗浅、能力有限，仍有不少地方有待深入和加强。

第一章

"城市病" 界定与研究梳理

大都市空间是我国在全球竞争中的前沿区域，在社会经济发展中具有重要的导向作用，还将对全球经济社会发展产生重要影响。但随着城市化进程的不断推进，人口、经济活动在大都市空间的过度聚集也带来了一系列社会、经济困境，逐渐出现了被称之为"城市病"的交通拥堵、住房紧张、环境污染、资源紧张、城市贫困等问题，这些问题的不良影响日渐突出，甚至阻碍了城市健康有序发展。国家发展改革委和北京、上海、广州、我国香港等城市的地方政府机构纷纷组织专家会诊"城市病"，"城市病"研究也逐渐成为中国学者们关注的重要领域。由于我国的城市化进程起步较晚，各种城市问题的发展演进也较西方滞后，因此关于"城市病"的综合研究与探讨也是自 20 世纪末才逐渐展开，中国知网的论文数据显示，关于"城市病"的研究自 2010 年开始出现显著增长，篇名中包含"城市问题"的文献于 2005 年增长到 10 篇以上，2011 年达到 31 篇；篇名中包含"城市病"的文献在从 2009 年的 6 篇增加到 2010 年的 18 篇，2011 ~ 2013 年都在 30 篇以上，2014 年达到 60 余篇；摘要中包含"城市问题"或"城市病"的期刊文献于 2007 年开始超过 100 篇，2011 ~ 2014 年都超过 250 篇，且有增多趋势。从研究内容来看，主要集中在"城市病"的界定和原因分析上，本研究拟在此基础上系统梳理和厘清"城市病"的历史背景、发展演变历程及其治理路径。

一、"城市病"的内涵

(一)"城市病"产生的历史背景

"城市病"并非现代城市所独有。即便在古典城邦中,也能找到"城市病"的影子,雅典城宏大建筑的光芒之下也笼罩着普通居民生活环境的不堪,"城市干旱,缺乏供水,街道只是破旧的小巷,像样的房屋屈指可数","瘟疫不时肆虐全城,死亡人数远远超过战争冲突中的死亡人数"。罗马城修建了伟大的城市引水渠、排水系统,但毫不例外,仍有"大多数的罗马人生活在贫民窟一样的住宅中","弯弯曲曲的街道很少是笔直的,挤满了人和垃圾"。昔日长安城中,平民的居住条件也十分差,白居易曾作诗《卜居》描写自己的住房"长羡蜗牛犹有舍,不如硕鼠难藏身"。

现代"城市病"则是伴随着工业革命和西方城市大发展而产生的。在工业化和社会分工大发展的推动下,人口聚集、产业集中带来了欧美城市经济的繁荣,也带来了拥挤、污染、贫民窟增加、疾病流行、犯罪增加等一系列问题。"在 1820~1900 年之间,大城市里的破坏和混乱情况简直与战场上一样,这种破坏和混乱的程度正与城市拥有的设备和劳动大军数量成正比例"。"新的城市综合体里主要的组成部分是工厂、铁路和贫民窟",大量工厂聚集在铁路、河流附近,污水、垃圾、废料、矿渣等堆积如山、堵满河道,污染急剧累积而得不到治理。过分的拥挤、污染和生活条件的恶化还导致了人们健康状况的下降与婴孩死亡率的上升,"在纽约,1810 年的婴孩死亡率是出生婴儿的 12%~14.5%,到 1850 年时,上升为 18%,1860 年时为 20%,1870 年时为 24%"。

工业革命时期产生的城市问题也引起了人们深刻的反思,学者们由此开始考量工业化和人口聚集的利弊得失,审视城市发展的前景与走向,城市政府的各种应对举措渐次展开,城市规划理论也因此异彩纷呈。1842 年 E. 契德威克在英国议会上做了《英国工人的卫生状况》的发言,政府据此于 1848 年公布了《公共卫生法》及一系列改善住宅条件的政策,这也是历史上首次由学者提议,政府出面大规模解决城市问题。纽约于 1842 年开始启用可罗顿(Croton)蓄水库和输水管网，为城市提供充足干净的自来水。现代城市规划理论实际上是未来应对各种城市问题而不断进展的，"花园城市"、"有机疏散"、"精明增长"等理论均体现为时代性或先导性的城市发展对策。

中国的城市化进程起步较晚，各种城市问题的发展演进也较西方滞后，但自20世纪末以来中国城市化的加速发展使得各种"城市病"逐渐凸显，人口过度聚集、空气污染、交通拥堵、住房紧张等问题日益严峻：许多大城市的人口密集区达到 2 万人/平方千米以上；第六次人口普查数据显示，北京市和上海市城市居民中人均居住建筑面积在 8 平方米及以下的户数分别占 14.97% 和 14.83%；2013 年环保部监测的 74 个城市空气质量平均达标天数比例仅为 54.8%，456 个城市（区、县）中有 135 个城市属酸雨城市；北京市交通委发布数据显示，2010年 12 月北京市早高峰常发拥堵路段为 637 条、135 千米，晚高峰常发拥堵路段达到 1 134 条、250 千米，2010 年全日拥堵持续时间（包括严重拥堵、中度拥堵）为 145 分钟。目前，这些问题严重困扰城市的发展，不仅造成资源、空间浪费，还给城市居民生活带来很大负担，也给我国城市经济、生态和社会的健康发展造成束缚。

（二）"城市病"的界定

城市化进程与"城市病"的关联已经毋庸置疑，常常在城市化进程加速阶段凸显并加剧，也有学者指出"城市病"是城市系统存在缺陷而影响城市系统整体性运动所导致的对社会经济的负面效应。"城市病"具体表现为环境恶化、居住拥挤、交通拥堵、贫困和犯罪率上升等城市问题，吴祖宜指出，城市病是伴随城市发展而产生的一种阻碍、困扰城市健康的症状，是破坏城市整体协调和可持续发展环境的重要因素之一。

从系统论的角度来看，"城市病"是城市系统运行中各子系统之间不协调的一种表现。段小梅指出，所谓"城市病"是指城市在发展过程中出现的交通拥挤、住房紧张、供水不足、能源紧缺、环境污染、秩序混乱以及物质流、能量流的输入、输入失去平衡，需求矛盾加剧等问题，它的实质是以城市人口为主要标志的城市负荷超过了以城市基础设施为主要标志的城市负荷能力，使城市呈现出不同程度的"超载状态",城市病的病情与超载程度成正比。

综上所述,"城市病"是城市问题的突出反映,是城市发展过程中会造成严重影响的混乱与无序状况,从我国城市的发展现状来看,突出地表现为环境污染、住房紧张、交通拥挤、能源资源紧缺,以及城市贫困等问题。对于现代城市发展来说,"城市病"不容忽视。然而,城市在其发展过程中,不可避免地存在各种问题,城市问题不断出现和解决的过程,实质上就是城市发展进步的过程。我们一方面应该重视其对社会、经济、生态等各方面的不良影响,另一方面也应正视其存在的客观与必然性。

二、"城市病"的发展机理

关于"城市病"的产生原因和发展机理,中国学者们从不同的视角进行了探讨,认为"城市病"与城市化进程、城市系统缺陷性、社会权利分配失衡以及生态系统受损等都密切相关,这也反映了"城市病"产生机理的复杂性和综合性特征。综合来看,我国学者的主要观点集中在如下几个方面。

(一)城市病与城市系统自身的特征密切相关,沿城市化进程而发展演变

从世界城市发展的实践来看,"城市病"与城市化进程密切相关,"是社会经济发展到一定阶段、特别是发展中阶段的产物",周加来甚至指出:"城市病"的本质根源在于城市系统的缺陷性,是一国在尚未完全实现城市化的阶段中,由城市化速度的加快所产生的,因而"城市病"也会随着城市化的完全实现而康复。本书认为,"城市病"有显著的阶段性特征,但"城市病"并不随城市发展而自然消失,反而会在不同阶段有不同的表现,拥堵、污染等问题常常在城市化初期表现不明显,城市化加速期集中爆发,随城市治理和城市发展内涵的转变而减轻。但从发展的眼光来看,"城市病"的确是城市发展所致,可以通过发展来解决或缓解。2000年中国市长协会推出了中国城市化发展战略"白皮书"——《2001—2002中国城市发展报告》,首次提出了"以发展克服'城市病'、以规划消除'城市病'、以管理医治'城市病'"的防治"城市病"的宏观理论。

（二）"城市病"的产生、发展和治理都具有高度的综合性和系统性

从系统的角度来看，城市作为一个集城市人文社会系统、经济系统、生态系统和基础设施系统于一体的大系统，具有很强的复杂性，系统的复杂性体现在各子系统之间的相互影响和互动，因此在经济发展过程中表现出来的城市病不仅仅是单一的经济问题、社会问题或是环境问题，而是大量问题的综合，是一个综合的问题系统。

另一方面，"城市病"的根本原因还在于系统之间的不协调，以及基础设施建设滞后于人口和经济发展。城市发展是由建成环境发展、社会和经济发展共同构成的，城市化过程中，建成环境、社会和经济发展不协调则会造成多种矛盾和冲突，出现过度城市化或城市化滞后，并带来一系列相关问题。城市问题是时代进步与现状滞后的失衡，当城市跨入一个新的时代，旧时代所造就的一些东西往往与新时代的要求不相适应，于是，就出现了时代进步与现状滞后的失衡，以及当代的开发建设对历史传统文化遗产的冲击，引发城市问题。如今，城市化和流动人口的不断增加也给现代中国大城市带来新的课题，人口快速增加而就业机会、生活空间、社会保障等没能跟上，则必然带来城市发展的不协调，引发新时期的"城市病"。

"城市病"也反映了人类社会系统与自然生态系统的运行失衡。从城市生态的角度看，城市病问题主要是资源开发利用不当造成的。各种物流、能量流、人流、信息流是城市发展可利用的资源，是维持城市新陈代谢的物质基础。对这些"流"的输入和输出应该有一个质的标准和量的要求，以保持城市生态的动态平衡，资源开发利用不当导致各种"流"的交换失衡，并最终演化为"城市病"。

（三）市场失灵与政府失灵加剧"城市病"

在城市系统运行过程中，市场配置失灵现象突出，这也使得城市资源配置和管理需要更多地寻求市场之外的政府和政策途径。而在某些因素作用下，政府管理和政策也会出现失灵和无效的状况，这也使得城市问题愈加复杂，"城市病"

尤为突出。一方面，从经济学的角度看，城市病一定程度上源于市场失灵：城市交通、城市环境保护以及城市住房等物品性质模糊不清，界定其性质的费用又过于高昂，市场的价格机制难以真实反映供给量与需求量。另一方面，城市规划与管理受科学技术水平和经济支撑能力的影响和制约，其中的人为因素也会对城市发展形成误导，甚至起到决定性作用。体制方面的因素，包括干部选拔机制和政绩考核体系、财税体制、土地制度、规划体制、中央地方关系等，通过影响城市政府的行为方式而成为我国城市发展特殊的动力机制，也成为我国"城市病"特有的体制性成因。

（四）"城市病"的某些侧面还与社会权力在阶层、地域之间的配置失衡有关

政治学者从权力分析的角度指出，当下中国现代化过程中出现的"城市病"、贫富分化、城乡差距、地域差距等"发展综合征"，与权力的过度集中导致资源、利益和代价分配失衡密切相关。权力配置方式和运作机制的不合理会导致资源配置的失衡，并带来社会发展的不协调与"城市病"等"发展综合征"。某些城市政府或领导的权力过度集中，权力运行过程缺乏有效制约和监督，在城市建设规划中领导独断和决策不透明不科学现象显著，"短命建筑"、"短命雕塑"、"短命园区"、"烂尾公园"等在各地频现，决策的不科学必然导致规划建设不合理、土地资源浪费、城市系统不协调等问题产生。

（五）城市规模与"城市病"之间关系的讨论

积极发展和建设"都市化小城镇"，不仅能有效缓和"城市病"对大中城市的危害，推进了城市化在新的空间可持续发展，同时还开发了落后地区。我国也在很长一段时期内奉行"严格限制大城市，积极发展中小城市"的政策。发展中小城市的确可以促进区域空间资源、产业和人口布局的均衡化发展，但是，"城市病"在大城市和中小城市都存在，并不是大城市的独特产物，因此以避免"城市病"为借口限制大城市发展是没有根据的，也不符合城市化发展的自身规律。城市交通问题与城市规模之间并不存在必然的、固定不变的因果联系，甚至

有学者认为，城市规模越大，越有较好的资金条件、技术条件和管理条件来治理环境，越有利于对污染物的集中处理。

三、"城市病"治理的方向与展望

必须承认，城市在不同的社会背景和发展阶段中，必然会存在着这样或那样的问题、这样或那样的"症状"，也即，"城市病"难以完全根除和杜绝；但是，我们可以通过发现"病因"和"发病机理"来缓解"症状"，从而尽可能地将它的不良影响降至最低限度，也即，"城市病"可以治理。现代城市是伴随着工业化、分工细化和贸易发展而成长起来的，因此，人口、经济和文化等要素的聚集是其固有属性，这也决定着拥堵、拥挤和污染累积等"城市病"的必然存在。工业革命时期城市的混乱与无序也表明，政府和公共组织必须对城市实施外在干预，通过法令和管理来规范城市秩序，而这种干预和规范也应因城市发展进程和地域特色而制宜。陈忠从城市哲学的角度指出，城市化是一个人类不断试错的过程，在这个不断试错的过程中，人们对城市本性正在形成更为全面的把握，正在对城市发展规律、城市辩证法形成更为全面、清晰的体会和认识，正在对什么是可持续的城市行动，什么是合理的城市行动原则形成更为清醒的理念。

那么，"城市病"治理的目标和方向应该是什么呢？在《全球城市史》（*The City：A Global History*）中，乔尔·科特金通过对世界著名城市的成长历史进行总结，指出影响这些城市的健康发展的关键因素：地点的神圣、提供安全和规划能力、商业的激励作用。在这些因素共同作用的地方，城市文化就兴盛；反之，在这些因素式微的地方，城市就会淡出，最后被历史所抛弃。其实，对于现代城市发展来说，城市的精神文化内涵、安全舒适保障、经济运行效率仍然是其最为核心的要素，综合来看，城市治理应着眼于如何保证城市精神文化、制度体制、社会生活、经济发展、生态环境都有序顺畅运行。

城市问题的解决和"城市病"的治理还需要有哲学指导和价值判断。各种城市问题既有相似的发展机理，又有它们的差异之处，因此对待"城市病"既要有共同的努力方向和总目标，又需要有针对性地对"症"下"药"。因此，管理者、决策者和研究者需要有"辩证思维、综合思维、超前思维、理性思维",面对不同问题时又需要区别对待:"资源性问题要未雨绸缪,社会性问题要高瞻远瞩,安全性问题要防微杜渐,规律性问题要因势利导"。另一方面,在考虑城市发展,进行城市问题判断,协调城市中不同空间和群体的利益关系时,需要有明确的价值方向和伦理判断,明白到底该做什么、不该做什么,究竟该维护什么、反对什么。例如,城市的发展的重点、核心不应仅仅是经济增长,而更应注重经济、社会、生态等的协调,更关注人的发展和公众的利益;在城市发展中,不同空间、不同的阶层和社会群体有着平等的权利,规划、管理应更注重公平、平等的营建,避免因为规划带来的资源、价值分配失衡。借鉴功利主义和福利最大化的思路:为了增进整个城市的总体发展水平,应该更致力于增加弱势群体、低收入者的资源和配置,致力于完善建设水平低、不太完善、有序性差的边缘空间的建设。

第二章

"城市病" 的主要表现

北京、上海、广州及其所在的京津冀、长三角、珠三角超大都市空间是我国在经济全球化、信息化竞争中的前沿区域，在国际竞争中具有重要的导向作用，但这些大都市空间的人口空间聚集也带来了一系列社会、经济困境，集中凸显出被称之为"城市病"（Urban Diseases）的交通拥堵、住房紧张、环境污染、"城中村"等问题。

一、交通拥堵

（一）世界大城市交通问题概述

伴随世界城市化的起飞、发展与成熟的进程，人口与产业快速向大都市地区聚集，这给经济主体带来集聚效益、产生外部经济的同时，也使得交通需求快速增长。另一方面，交通供应不足、管理滞后的矛盾日益严峻。自20世纪中期以来，交通事故频发，交通拥堵、交通污染与噪声等问题不断演变，成为诸多城市问题中的关键问题。时至今日，交通拥堵问题仍普遍存在，且对城市运行和居民生活造成重要影响：降低城市的交通效率，进而影响到城市经济运行效率；迫使汽车低速行驶，从而造成石油浪费和废气排放增加；增加居民的出行时间，降低生活便捷度。

从根本上讲，交通需求、交通供给、交通参与者和交通管理水平是城市交通问题的四个核心要素，当今大都市产生交通拥堵的基本原因，在于城市交通供给难以满足交通需求，而单纯增加供给无法满足日益增长的交通需求。重视交通需求的弹性和产生根源，对交通需求进行引导也是解决都市交通问题的重要途径。另一方面，交通参与者的规则意识、行为习惯等对交通秩序产生重要影响，交通管理的理念、技术水平和信息化水平直接影响交通管理的效果。

20 世纪末以来，中国大都市也逐渐面临较为严重的交通拥堵问题，尤其特大都市的主城区纷纷陷入交通流量激增和车行速度下降的困境。在此情境下，上海、北京等城市率先开展机动车限购、限行等措施，并有不少学者对大城市交通拥堵形成机制、社会成本等进行分析，探讨拥堵收费等措施的可行性。另一方面，北京、上海、广州等城市在 20 世纪中后期开始对主城疏散以缓解交通问题，并于 21 世纪加快了人口、产业疏散的步伐，但在向外疏散中也呈现出一些问题和不足，本书尝试分析中国城市交通拥堵的发展态势，并在国外交通拥堵经验和国内现有治理实践的基础上，提出有利于缓解交通问题的城市多中心建设策略。

（二）国外主要治理经验

20 世纪中后期，西方发达国家逐渐进入机动化进程，1998 年时全球汽车保有量就已达到 6.9 亿辆，其中美国的小轿车保有量 1.31 亿辆，轿车普及率达到 2.1 人/辆，欧洲小轿车保有量 2.18 亿辆，英国、法国的小轿车普及率也达到 2.2 人/辆。在机动化进程中，西方发达城市遭遇了严峻的拥堵问题，经历漫长规划治理过程后，已探索出一系列拥堵治理的重要经验，大城市交通问题的解决方式也由最初的增加交通供给为主，发展到需求管理、轨道交通、合理布局和建设智能交通体系等多种方式共用。总体来看，当今主要的交通治理思路包括以下几条。

第一，小汽车激增是引发城市交通拥堵的重要推力，因此控制小汽车数量是解决拥堵的重要方法之一。新加坡是鼓励公共交通、限制私人机动交通的典型，采用拥车证严格控制小汽车数量，政府根据报废车辆的数量和上一年汽车的总量来确定每年发放多少拥车证，一般每月进行 2 次拍卖，汽车排量越大拥车证价格也越高，以此引导居民使用小型车和小排量汽车。

第二，通过拥堵收费调节不同路段、时段的交通流量。伦敦从 2003 年开始对工作日白天进入市中心特定区域的车辆进行收费，日本和一些欧洲城市则在市中心收取高昂停车费或限制中心区停车位供应，以减少开往市中心的机动车数量。新加坡的每辆汽车都安装有智能感应系统，道路上的电子收费系统根据出行时段和路段自动扣费，这种形式能够便捷地调节交通流量，尽可能减少高峰时段和热点路段的交通流量。

第三，扩大交通容量，大力发展公共交通。优先发展给交通是重要的交通治理战略，自 19 世纪末开始，伦敦、巴黎、东京等城市率先建设大运量的轨道交通系统，不断拓展轨道交通的线路长度和站点数量，不仅形成了市中心密集的轨道交通网络，还通过轨道交通把主要新城和市中心紧密连接起来。

第四，鼓励自行车交通。自行车交通有利于城市降低能耗和污染，还因其便捷、自由、利于缓解城市交通拥堵而受推崇，因此，一些城市政府通过提供便捷的公共自行车租赁服务来促进自行车交通的发展，荷兰阿姆斯特丹的"白色自行车计划"被认为是最早的公共自行车尝试，率先在丹麦哥本哈根出现的第二代公共自行车发展了固定存取地点和使用凭证系统。20 世纪 90 年代以来的公共自行车租赁系统集成了先进的信息技术，能够有效掌握自行车的租赁者信息和使用情况，避免公共自行车的丢失，实现网络化自动管理。作为支撑的自行车道路系统也十分重要，若没有良好的道路管理系统，自行车车道缺失、不足或不连续都会阻碍自行车交通的发展。荷兰作为自行车交通系统十分发达的国家，不仅在于其居民自行车拥有率和自行车出行比率很高，更在于其自行车道系统的高度发达。

第五，建设智能交通系统。美国交通部于 1991 年开始详细研究智能交通系统，并于 1995 年 3 月发布了《国家智能交通系统项目规划》，规划中界定了该系统的 7 大领域①和 29 个详细的服务功能，日本也于 1995 年提出《公路·交通·车辆领域的信息化实施方针》。完善的智能交通系统有助于道路交通信息的快速获取、控制、传递和表达，有助于提高交通效率、维护交通秩序，还在提高交通安全性、处理交通事故、降低事故发生频率等方面有卓越表现，成为各国未来交通发展的重要目标。

第六，加强人的教育，促进驾驶行为的规范化。作为交通活动的主体，交通

---

① 　包括出行和交通管理系统、出行需求管理系统、公共交通运营系统、商用车辆运营系统、电子收费系统、应急管理系统、先进的车辆控制和安全系统。

参与者的作用不容忽视,在交通管理中还需关注人的行为规范和安全意识。欧洲许多国家的交通法规十分完善,非常重视交通参与者的规则意识,严格要求机动车避让行人,保障步行、自行车和公共交通的优先权。另一方面,则对闯红灯、超速、乱停车和酒后驾车等违法行为进行严厉处罚。

第七,通过城市空间功能的合理化,促进工作、办公地点与居住的临近布局,引导交通网络与城市功能相协调。20 世纪 40 年代,法国巴黎和英国伦敦等城市,为减小城市中心区的交通压力和缓解污染、居住拥挤等问题,率先通过新城建设促进人口和产业疏散,同时在新城之间、新城和主城之间建立高效的交通系统。日本、新加坡等地实施公共交通为导向的城市土地开发措施,引导城市功能与交通站点相结合,在新区建设和规划中注重交通需求的估计与满足,东京还曾通过《工业控制法》等制度措施促进工业企业向外转移。

(三) 我国的现状与发展态势

1. 机动车数量快速增长。至 2012 年底,中国民用汽车总量达到 10 933 万辆,其中小型和微型客车拥有量达到 8 683 万辆,北京市民用汽车总计 494 万辆,其中小型载客汽车 433 万辆,成为全国汽车保有量最多的城市,重庆、成都、深圳、上海、广州和天津等城市的汽车保有量也超过 200 万辆,[①] 聚集于大都市的大量人口和车辆给城市道路系统带来巨大压力。

2. 大都市中心区的交通需求量高。随着中心区人口密度和经济活动的增加,大都市中心区的交通需求更加旺盛,有限空间上的道路供应难以满足需求。北京市 2012 年六环内日均出行总量达到 3 033 万人次,五环内工作日拥堵持续时间(包括严重拥堵、中度拥堵)达到 1 小时 30 分钟,早、晚高峰常发拥堵路段分别为 219 千米、343 千米,中关村、金融街、西直门、CBD 等地区拥堵异常严重;二、三、四环全天大部分时段流量均超过 19 万辆。[②] 这种拥堵现象虽然比 2007 年(拥堵持续时间 4 小时 30 分)左右有所好转,但仍然对城市交通运行效率形成负面影响。

---

① 资料来源:《中国交通年鉴 2013》。
② 资料来源:《北京交通发展报告 2013》。

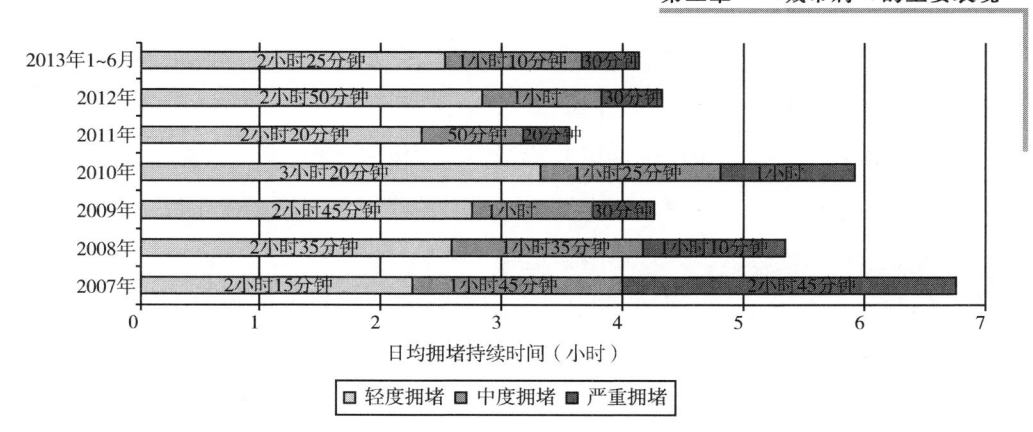

图 2 – 1 北京市 2007 ~ 2013 年交通持续拥堵时间

资料来源:《2013 年北京市交通发展报告》。

3. 城市道路等设施水平有待提高。从根本上讲,交通拥堵的原因在于交通供应无法满足需求。事实上,由于土地等资源的限制,城市道路的增长无法与机动车增长保持一致,但保证合理的城市道路里程和面积,是确保城市交通正常运行的重要条件,也是城市现代化发展的必然要求。在中国,一些大都市人口数量和机动车拥有量不断增长,而道路建设水平滞后,人均城市道路面积远低于合理水平,且有不升反降的现象,如图 2 – 2 所示,2012 年中国人均城市道路面积为 14.39 平方米,北京仅为 7.57 平方米,[①] 而国际上对现

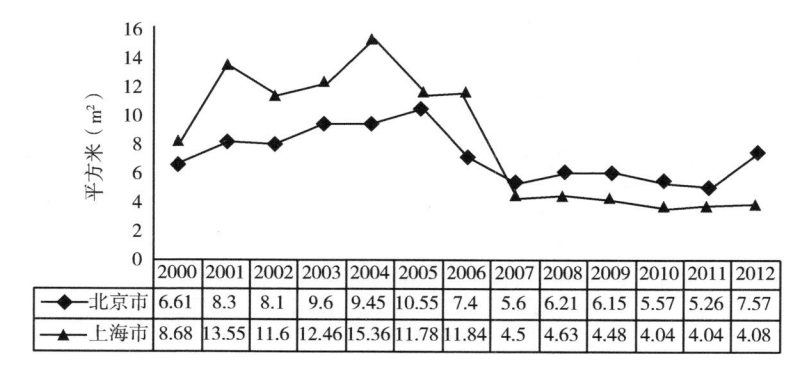

	2000	2001	2002	2003	2004	2005	2006	2007	2008	2009	2010	2011	2012
北京市	6.61	8.3	8.1	9.6	9.45	10.55	7.4	5.6	6.21	6.15	5.57	5.26	7.57
上海市	8.68	13.55	11.6	12.46	15.36	11.78	11.84	4.5	4.63	4.48	4.04	4.04	4.08

图 2 – 2 2000 年以来北京、上海人均城市道路面积变化图

---

① 资料来源:《中国统计年鉴 2013》。

代化城市的界定中人均城市道路面积要达到 10 平方米以上，国际上发达城市的人均道路面积一般在 10～25 平方米。

不仅如此，我国大城市长期以来形成一种认识上的误区，以为建设快速路、拓宽道路能够解决交通问题，注重城市主干路的建设而忽视了次干路和支路的建设，城市路网密度较低，严重影响了道路系统的交通能力。

4. 停车位严重不足，路侧停车挤占道路资源。大都市中心城区的大量老旧小区建设时并未配备充足的停车位，甚至没有规范的停车位，随着机动车数量的快速增长，停车位不足的问题更加突出。一些新建小区居住密度较高，由于内部空地有限，地下停车位也难以满足全部居民的停车需求。还有部分居民为了节省停车位租金，或者不愿购买开发商出售的车位，而长期将车辆停在小区内外的非正规车位上。以上因素共同作用下，城市道路上的非正规停车现象比较常见，甚至挤占大量道路空间，更会加剧城市道路（尤其是支路）上的交通拥堵。如图 2 - 3 所示，2012 年，北京市的备案停车位仅 161 万个，不及机动车数量的 1/3；夜间停车统计中，将车辆停在小区、单位或公共停车场等正规停车位内的车辆仅占 47.2%，有 39.1% 的车辆停放在小区内非正规停车位，有 13.2% 的车辆停放在路侧；白天机动车开出小区后，大量停靠在路侧的画线或未画线停车位上。

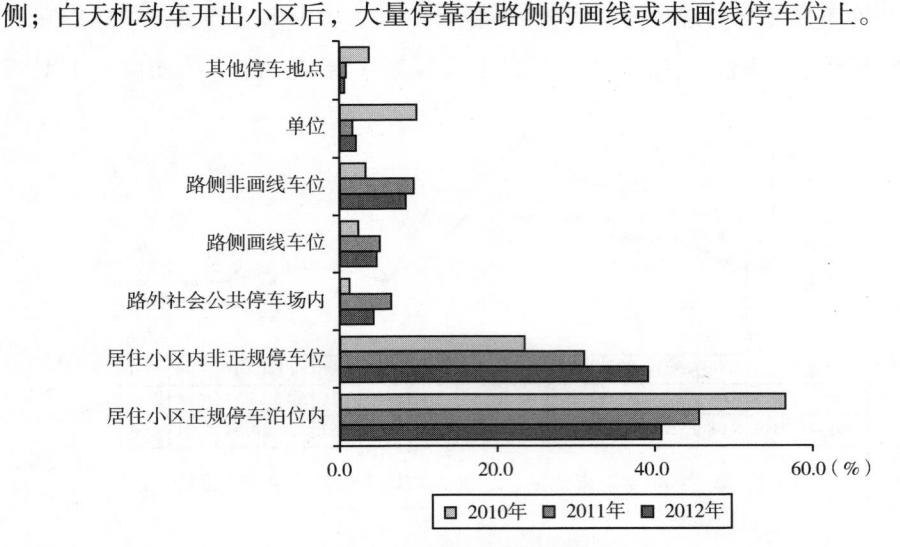

图 2 - 3　夜间停车位置近年对比图

资料来源：《北京市交通发展报告 2013》。

5. 公共交通出行比例增加，轨道交通进一步发展。伴随北京、上海等城市公交激励措施的实施，地铁、快速公交线路的增加，以及公交专用道路的设置与完善，城市公共交通出行的比重逐渐增加，在很大程度上降低了单次出行所占有的道路资源。北京市地铁、公交的出行比率在 1986 年为 28.2%，2005 年为 29.8%，2010 年为 39.7%，2012 年达到 44%，为历史最高水平，而小汽车出行比率自 1986 年的 5%，增长到 2005 年的 29.8%，最近几年稳定在 33% 左右，并有缩减趋势。上海市中心城区的公共交通出行比率已接近 50%，并规划到 2015 年，中心城平均车速达到每小时 15 千米，公交优先道车速达到每小时 20 千米。

轨道交通的发展也促进了公交出行的增加，截至 2013 年底，我国已有 19 座城市拥有轨道交通，总里程达到 2 509 千米，其中地铁总里程 2 032 千米。上海市拥有 16 条轨道交通线路，总里程 578 千米；北京市 18 条线路，总里程 465 千米，两市无论是轨道交通里程，还是站点数、日均运送人次数已居世界前列，与伦敦、东京、巴黎的世界城市比肩。

但是，中国许多城市仍然存在公共交通设施不够完善、运行效率较低、公交出行的便捷度较差等问题。据统计，北京市公共汽车出行速度仅为小汽车出行速度的 40%，完成一次公交出行需 66 分钟，其中 64% 的时间在车上，23% 的时间为步行时间，等车、换乘需占用 13% 的时间。另一方面，大都市的轨道交通网线密度较低，北京市至 2015 年二环内的轨道交通网线密度能达到 $1.29km/km^2$，远低于巴黎核心区的 $2km/km^2$。

6. 自行车、步行等绿色出行方式减少，步行空间和自行车道亟待完善。近年来，国内大批城市开始鼓励居民绿色出行，提倡在近距离出行中采取步行或自行车交通的方式，北京、上海、杭州、西安、郑州等诸多城市为市民提供公共自行车租赁服务，并用低廉的租金、甚至免费的方式鼓励自行车交通，北京已建立密布 8 个城区的 700 多个租车网点，并提供网络查询服务。但另一方面，自行车道被大规模挤占、被机动道路隔断的现象很常见，自行车出行并没有良好的道路环境保障，大城市自行车出行的比例仍然大幅缩减，北京市自行车出行比例从 1986 年的 62.7% 缩减至 2005 年的 30.3%，2012 年自行车出行比例仅为 13.9%。

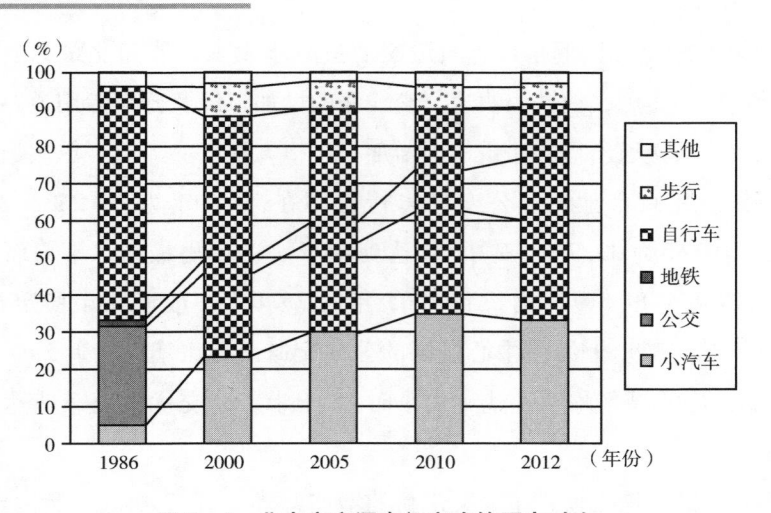

图 2-4　北京市交通出行方式的历史对比

资料来源：历年北京市交通发展年报。

7. 一些治理措施初显成效。先进的交通管理方式与治理经验有助于交通问题的改善。在限制大城市机动车数量方面：上海市 1994 年开始对新增的客车额度实行拍卖制度；北京市自 2011 年开始执行机动车限购政策，市民通过摇号获得机动车牌照；广州市于 2012 年、天津市于 2013 年、杭州于 2014 年开始实行小客车增量配额指标管理。在限制交通量方面：北京自 2007 年开始执行机动车限行措施，政策由最初的单双号限行模式，逐渐演变为按尾号每周限行一天的模式；南昌、长春、兰州、贵阳、杭州、成都、天津等城市随后实施尾号限行政策。在交通管理手段方面，北京、上海、杭州等大城市开始积极建设智能交通管理系统，应用交通流量的实时监控与发布、交通信号的智能化控制、公共交通信息的及时提示等先进管理手段疏导交通。

国内大城市的上述交通管理策略在一定程度上缓解了都市区中心交通拥堵的状况。如表 2-1 所示，2008 年以来，随着限行、限购和交通管理手段的改进，北京市五环内整体的交通运行速度能够大致维持，甚至有所提升，上海市快速路的交通运行状况也基本保持，没有明显恶化迹象。

表 2 – 1　　　　北京市五环内（含五环）各等级道路平均时速　　　单位：km/h

时段	道路等级	2008 年	2010 年	2012 年
早高峰 （7：00 – 9：00）	快速路	35.6	35.1	35.5
	主干道	23.1	22.2	23.3
	次干道及支路	20.0	20.1	24.2
	路网	24.3	23.9	26.0
晚高峰 （17：00 – 19：00）	快速路	30.4	30.2	30.6
	主干道	19.9	19.7	21.4
	次干道及支路	17.5	18.3	22.2
	路网	21.0	21.2	23.5

资料来源：根据 2009～2013 年北京市交通发展报告整理。

表 2 – 2　　　　　　上海市快速路网工作日交通运行特征

运行指标	2010 年	2011 年	2012 年
早高峰拥堵里程比例（%）	12	10	11
晚高峰拥堵里程比例（%）	10	7	8
早高峰行程车速（千米/小时）	37	40	39
晚高峰行程车速（千米/小时）	40	45	43

资料来源：上海市城乡建设和交通发展研究院，《上海市综合交通 2013 年度报告》。

二、住房紧张

住房紧张问题甚至从城市起源以来即开始困扰人类生活，芒福德指出，罗马的解体是城市过度发展的最终结果，因为城市过度发展会引起功能丧失以及经济因素和社会因素的失控，而这些因素都是罗马继续存在所必不可少的。的确，城市自身的本性使得几千年前的罗马和现今的大都市具有可比性，人口过度聚集、房价房租过高、居住环境恶化等问题在几千年前后同样存在，并同样禁锢城市的生存与健康。

近代以来，住房紧张问题更成为城市过度扩张受到土地资源约束和"集聚不经济"的最突出表现。工业革命时期的产业大发展带来了人口向城市空间的大规模聚集，城市快速成长同时也产生了无序、混乱和破坏的问题，其中居住、住房问题尤为突出。"工业主义，19 世纪的主要创造力，产生了迄今从未有过的极端恶化的城市环境；因为，即使是统治阶级的聚居区也被污染，而且也非常拥挤"。芒福德和恩格斯都在他们的著作中详细描述了当时工人的恶劣居住条件：住宅狭小、混乱和拥挤，环境污染、设施贫乏、卫生条件低下。芒福德和恩格斯作为两个不同领域的学者，同样洞察到当时大都市成长的破坏性，尤其是城市聚集和工业化大发展初期底层工人居住状况的不堪。

工业革命之后的很长一段时期内，一些西方城市致力于针对环境、卫生改良的设施、技术、治理政策创新，并在城市规划和建设上取得一定成就，为城市居住环境的改善做出了重要贡献。即便如此，住房问题仍然伴随现代城市发展的整个过程，在中西方城市都尚未得到有效根除。现阶段中国大都市的住房紧张问题，一方面延续了历史上住房问题的既有内涵——主要包括住房空间狭小、配套设施不良和居住环境恶化的问题，另一方面又体现了时代性的特点——北京、上海等超大城市的住房紧张问题更为严重，住房紧张程度在空间和社会上显著分异。

（一）住房紧张问题的主要表现

1. 超大城市住房尤为紧张。现阶段，城市住房问题是困扰我国政府管理和人民生活的重要问题，基于城市土地资源供应稀缺、住房市场进入"门槛"较高等原因，住房分配中的市场失灵现象突出，因此政府介入和政策调节显得至关重要。值得注意的是，政府规制和住房保障政策效果初步显现，房贷利率调节、保障房供应、一线城市限购、鼓励普通商品房供应等组合政策作用下，各地住房价格上涨的趋势显著放缓，之后呈现下滑。但是，房价远高于市民预期的状况尚未根本扭转，尤其是北京、上海、广州、深圳等一线城市的房价仍然与居民收入水平和购买水平差距较大。

总体来看，城市住房紧张问题在大城市尤为突出。第六次人口普查数据显示，北京市和上海市城市居民中人均居住建筑面积在 8 平方米及以下的户数分别占 14.97% 和 14.83%，远高于全国户数比例 9.42%，见图 2－5。北京市和上海市城市居民中人均居住面积在 20 平方米及以下的户数分别占 38.45% 和 41.89%，广州市人均居住面积在 20 平方米及以下的户数占 37.42%，均高于全国的占比 31.84%。按照我国现阶段实现小康社会目标要求，城镇人均住房建筑面积要达到 30 平方米。由此可见，北京、上海等超大城市的住房紧张局势不容乐观，与政府所设定的住房小康水平还有很大差距。

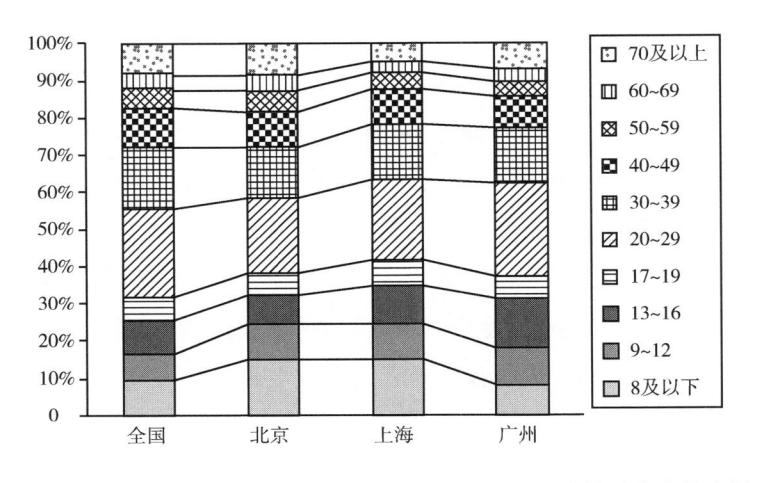

图 2-5 北京、上海、广州与全国按人均建筑面积划分的城市户数比例

数据来源：根据全国第六次人口普查数据和广东省第六次人口普查数据整理。

2. 住房紧张问题的社会群体差异显著。住房是人们生存的最基本需求，而"居者有其屋"的目标却并非所有人都已实现。市场分配机制在追求效率和利润时难以兼顾全体的、多层次的需求，这导致在住房需求旺盛的卖方市场上，利润较高的高档住房供应充足，而利润较低的小户型、普通型住宅尤其紧缺，这在社会层面就体现为不同阶层居民的居住状况差异较大。中国大城市的住房问题也是社会学、经济学、地理学等多学科研究的焦点，近 10 年的研究比较集中于农民工、外来人口、低收入群体、"夹心层"和青年教师群体的住房问题，这些群体面临的困境有各自的特殊性，但都是住房紧张问题的主要载体，也因此成为学者们研究的重点。

近期有部分学者针对农民工、外来人口的住房问题进行研究，指出中国大城市农民工的住房问题主要表现为住房供应不足、相关配套设施落后、居住条件和环境不良等问题。其中，基本居住需求得不到满足是城市农民工所面临的主要问题,同时,农民工群体的住房配套设施和居住环境不良问题也比较突出,朱东风、吴立群针对江苏省农民工的调查显示,有 18% 的农民工住房未安装水、电设施,40% 以上的房屋没有设置厨房和卫生间,76% 的住房没有配备空调,46% 的农民工对当前的住房状况表示不满。"城中村"作为外来人口和农民工的主要居住空间,其治理和拆迁使得农民工等流动人口居住成本加大;另一方面,城市边缘不断向远郊区扩展,也使得农民工的居住成本、通勤成本快速上升,生活受到较大影响。

上述以农民工、流动人口和弱势群体等为对象的住房紧张研究,彰显了住房紧张的结构性特征,也即住房紧张问题的严重性程度随社会群体特征而变化。北京市 2010 年人口普查资料显示,人均住房建筑面积的群体差异明显,户主是国家机关、党群组织、企业、事业单位负责人的家庭住房较为宽裕,人均住房面积接近 40 平方米/人,户主从事生产、运输设备操作的家庭住房最为紧张,人均建筑面积仅有 20.23 平方米/人,仅为前者的 1/2(见图 2-6)。

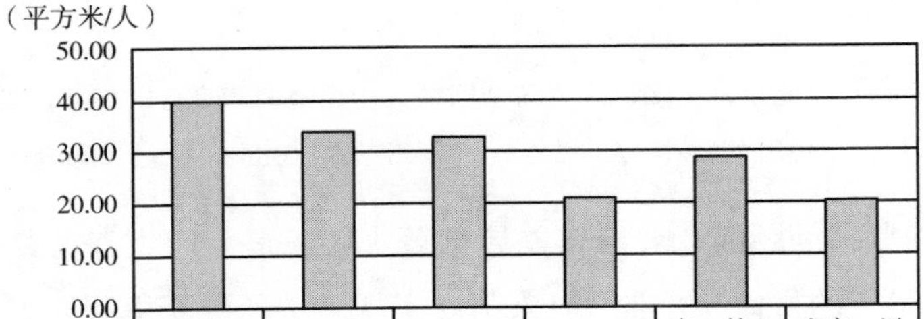

（平方米/人）

	党政机关、企事业单位负责人	专业技术人员	办事人员和有关人员	商业、服务业人员	农、林、牧、渔、水利业生产人员	生产、运输设备操作及有关人员
人均建筑面积	39.75	34.96	33.31	21.03	29.10	20.23

图 2-6　按户主职业分的人均建筑面积

资料来源:《北京市 2010 年人口普查资料》。

根据北京市 2010 年人口普查资料,对不同住房拥有水平的家庭户统计数据进行整理,绘制住房分配的洛仑兹曲线,如图 2-7 显示,住房分配曲线和绝对平均曲线之间的差距较大,住房分配的不均衡性显著。为了更准确地了解住房分配的不均衡性特征,进一步对洛仑兹曲线添加拟合趋势线,经过误差比对,选择误差最小的 5 次曲线,公式如下:

$$Y = 5.2518X^5 - 10.891X^4 + 8.065X^3 - 1.6786X^2 + 0.2499X$$

根据积分公式计算拟合曲线与横轴之间区域的面积（0.28），据此推算出住房分配曲线与完全平均曲线之间区域的面积（0.22），从而计算出北京市2010年的住房分配基尼系数为0.44，为0.4~0.5，显示住房资源的分配差距偏大。

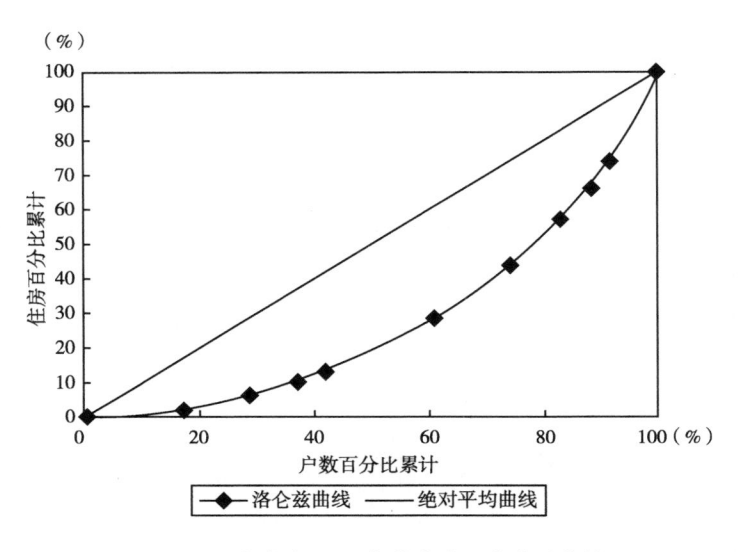

图 2 − 7 北京市 2010 年住房分配洛仑兹曲线

资料来源：《北京市 2010 年人口普查资料》。

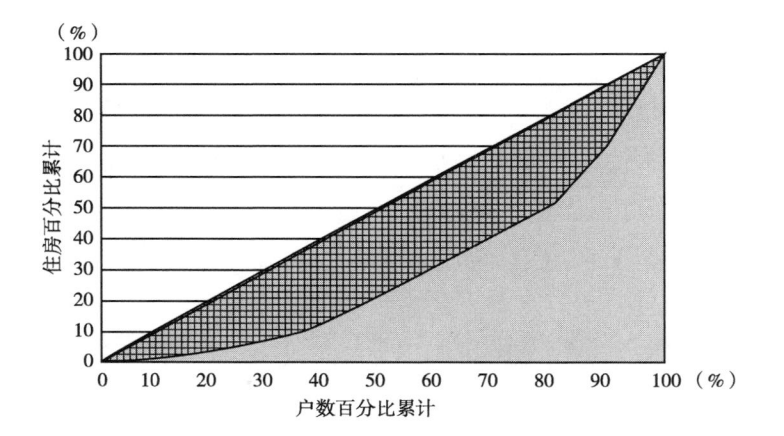

图 2 − 8 北京市 2010 年住房分配基尼系数示意图

3. 住房紧张程度的城市空间分异突出。城市中、微观的空间特征对住房供需和价格都构成重大影响，中心城区过多的人口聚集与有限的土地、住房资源形成矛盾，住房供需失衡和住房紧张问题更加突出。从住房价格上来看，北京、上海等超大城市房价空间分布极度不平衡，在城市的核心区形成房价高峰，城市中心与边缘房价悬殊，这种住房价格的不平衡正是住房供需空间不均衡的一种直观映像，同时表达了住房紧张程度的空间分异。以北京市为例，东城区和西城区构成的首都核心功能区人均建筑面积在 8 平方米以下的户数占 19.55%，是全国平均占比的 2 倍，12 平方米及以下的户数占 30.2%，19 平方米及以下的占 48.4%，是全国平均占比的 1.5 倍，即约有一半的人口居住在人均面积不足 20 平方米的住房中。其中原东城区住房紧张状况更为突出，人均建筑面积在 8 平方米以下的户数占 22%，19 平方米及以下的占 52.7%。① 整体来看，北京市的功能核心区住房最为紧张，其次为城市功能拓展区，城市发展新区的人均拥有住房水平最高（见图 2－9）。

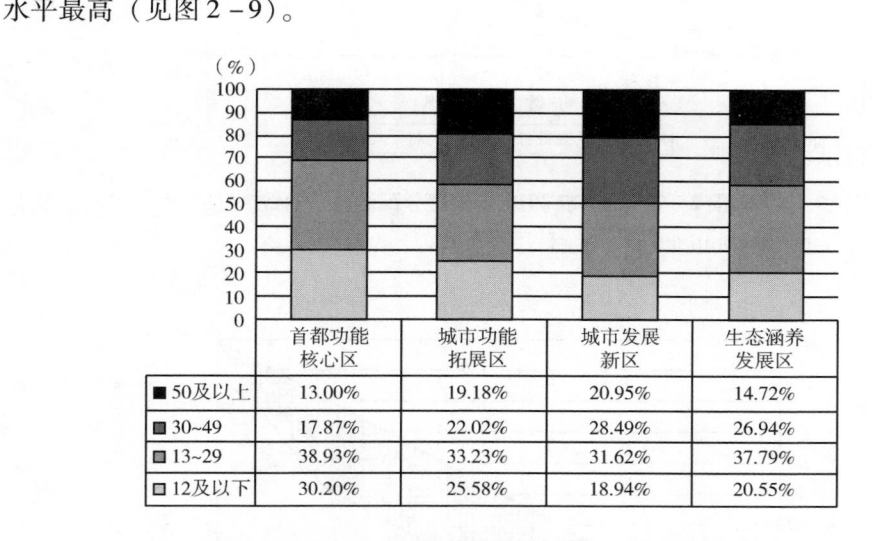

图 2－9　北京市各功能区按城市人均建筑面积划分的户数比例图

	首都功能 核心区	城市功能 拓展区	城市发展 新区	生态涵养 发展区
■ 50及以上	13.00%	19.18%	20.95%	14.72%
▦ 30~49	17.87%	22.02%	28.49%	26.94%
▥ 13~29	38.93%	33.23%	31.62%	37.79%
□ 12及以下	30.20%	25.58%	18.94%	20.55%

上海市 2010 年人口普查数据分析结果显示，人口最密集的黄浦区、卢湾区、静安区和虹口区人均建筑面积在 19 平方米以下的户数分别占该区总户数的

---

① 资料来源：《北京市 2010 年人口普查资料》。

65.6%、53.3%、47%和46.8%，远高于市辖区的平均值41.89%。其中，黄浦区有30.7%的城市户人均居住面积低于或等于8平方米，48.5%的城市户人均居住面积未超过12平方米。[①]

4. 住房紧张与边缘区空置问题并存。商品房空置率是衡量一个城市住房市场运行的重要指标，研究中一般将3%~10%的商品房空置率视作合理空置率，[②]过低则导致购房者和租房者寻找成本上升，过高则预示着商品房供应的过剩，或引致住房市场的动荡与失衡。

由城市的土地经济特征所决定，城市核心区土地供应紧张，土地价格较高，因此商品房交易价格和租赁价格都远高于其他区域。与此类似，多核心城市的各级核心区域形成住房价格高峰，也成为大都市区中住房最紧张的区域，商品房的空置比例也很小。在北京市的住房需求空间结构中，作为中心城区的东城、西城和作为文教设施齐全的海淀区住房需求旺盛，空置率很低。

在住房供应方面，由于土地资源约束等，住房供应也开始向外围新城空间集中，根据《北京市房地产统计年鉴2011》数据计算，北京市2010年批准销售的住宅约有72.4%的面积集中在朝阳、通州、房山、顺义和大兴区，北京市区县统计数据也显示，2012年北京市商品房竣工面积中，功能核心区仅占4.5%，而功能拓展区和城市发展新区分别占44%和45%。与此相对应的是，这些区域的住房需求虽然快速增加，但有相当大比例的需求属于未来需求，也即购房者考虑未来居住或者投资，而购房后未及时迁入该区域，这种个人决策行为累积起来引致都市边缘区和快速开发区域的高住房空置率。

（二）住房紧张的结构性失衡根源分析

1. 商品房供需的结构性失衡加剧住房紧张。依据消费层次理论，居民的住房需求将随其能力和认知的变化而改变，尤其受居民收入水平和支付能力的影响，也随其对城市空间熟悉、认知程度而改变。一方面，不同收入阶层的居民在住房消费需求、住房选择偏好和购房方式上都有不同，城市居民住房消费的分层

---

① 资料来源：《上海市2010年人口普查资料》。
② 由于各国统计标准的不同，这一指标很难在不同国家城市间进行对比。

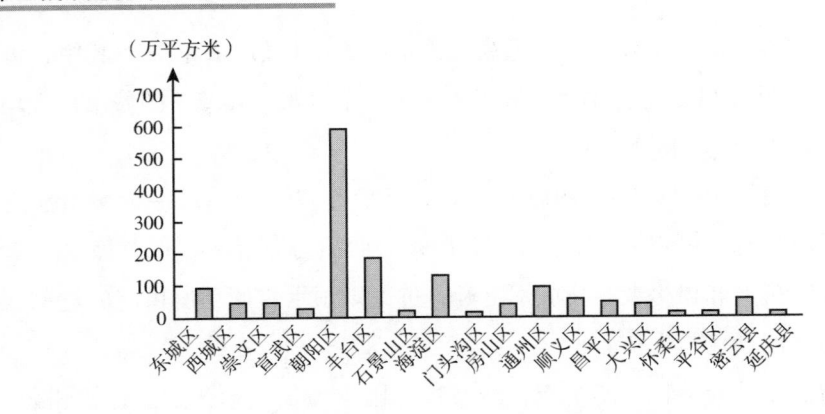

图 2 – 10　2010 年按区县划分商品房待售面积情况统计图

资料来源：北京市住房与城乡建设委员会《北京市房地产统计年鉴 2011》。

化和差异化显著。另一方面，随着城区建设水平改变，尤其城郊、新城设施水平的提高和经济活动的增加，对居民吸引力增强，居民对其认知将逐渐改变，从而增强居民在此择居的可能性。因此城市管理部门可以适时引导居民住房梯度消费，根据自身经济能力选择不同层次的住房，从而缓解住房紧张的社会影响。但住房梯度消费需要完善和成熟的住房市场，尤其需要与需求相适应的住房供应结构，而我国现有的住房市场不够规范和成熟，在市场机制主导下的住房供应结构与居民需求并不适应。

大都市住房需求中，农民工、低收入居民和新入职者对于中低档住房、低总价住房需求强烈。而现有的住房供应结构表现为：中高档住宅供应较多，小面积、低单价的住房供不应求。开发商追逐利润的诉求下，高开发利润的商品房优先被供应，也优先获得土地、配套设施等资源配置。在大都市土地资源和商品房供应短缺的情境中，中低档商品房因资源配置和开发不足而尤为紧缺，从而造成中低收入家庭面临更严重的住房供应不足问题。

政府调节作为弥补市场缺陷的重要方式，主要通过保障性住房供应和土地资源供应结构调整来实现。以廉租房、经济适用房等方式调节住房供应结构，容易给公共管理增加财政和工作负担，居民购买机会的评价路径选择不当也易引发政府失灵与寻租，尚需建设完善的法律法规体系和透明公开的政策程序。以土地资源供应来调节住房市场结构，主要表现在城市土地管理部门对不同类型商品房建设用地的控制上，例如近年来北京市不再供应别墅类建设用地资源。因此，疏散城市功能，缓解空间失衡，是解决住房紧张问题重要路径。

2. 城市公共资源与服务的空间配置失衡。从根源上看，城市住房供需的失衡与某些资源、信息和设施的空间聚集有关。以北京市为例，东城、西城和海淀的某些区域，汇聚了丰富的经济资源、政策优势和高水平的公共资源，除了能给企业和经营活动带来外部效应之外，在长期的建设积累与制度原因作用下，形成了远高于其他区县的教育、医疗、文化等设施水平，正因为如此，这些区域不断地吸引着居民和企业的入驻，成为整个城市增长中心的同时也面临着最突出的住房紧张、拥堵等"城市病"问题。源于基础教育资源的富集，这些区域成为学龄儿童家长的首选，也因此成为人口迁居活动、房屋交易和租赁行为非常活跃的区域，对于这些群体来说，公共资源和服务所带来的正效应远远大于因拥挤所产生的负效应。

据北京市教育考试院公布信息统计，2013年北京市拥有示范性高中74所，其中东城区12所，西城区15所，海淀区11所，朝阳区7所，而相对应的是大兴、通州、顺义、房山等外围城区的示范性高中均不超过3所。另外，互联网上所公认的北京市10所重点小学全部位于西城区、东城区和海淀区。由此可见，北京市中心城区和外围城区的基础教育资源分布严重失衡。

在美国等发达国家，城市在郊区的公共资源和服务设施的建设并不低于中心城区，某些郊区的教育、医疗等公共资源的投入远远高于中心区域，这也是导致大量人口向外围迁移的重要原因。比如，1994年，纽约市在郊区政府平均每年为每个学生支出达9 688美元，而中心城市为8 205美元；郊区学校平均每名学生配备的图书数量为20本，中心城市为9.4本。1996年，59%的郊区学生可上互联网，中心城市的比例只有47%。

3. 工作空间分布失衡。受集聚经济的长期积累因素的影响，北京市功能核心区和拓展区的产业聚集突出，各行业的从业人员众多，而由于土地资源限制等未能形成与此相对应的住房供应结构，因此导致城市空间中就业、工作空间格局与住房格局的不协调。如表2-3所示，北京市城镇单位从业人员和第三产业从业人员的分布情况比较相似，均有1/4左右在东城、西城所构成的城市功能核心区，约1/2从业人员在朝阳、丰台、石景山和海淀区所构成的城市功能拓展区就业，但受住房供应的影响，人口分布格局与就业、工作空间分布格局有较大差异，在首都功能核心区常住的人口仅为1/10，在城市功能拓展区常住的人口比例也远小于在此就业的人口比例。工作空间分布的失衡源于城市核心区资源、信息、服务等的富集，以及由此带来的外部经济溢出，而这种结构失衡也是导致北京、上海等大都市核心区住房过度紧张的重要原因。

表 2 - 3　　　北京市 2012 年底各城市区域从业人数与常住人口对比情况表

区域	城镇单位从业人员年末人数占全市的比重（%）*	限额以上第三产业平均从业人数占全市比重（%）	常住人口占全市比重（%）
首都功能核心区	21.57	24.61	10.61
城市功能拓展区	50.97	58.71	48.72
城市发展新区	21.54	13.09	31.56
生态涵养发展区	5.93	3.60	9.11

＊注：城镇单位是指不包括私营单位和个体工商户的独立核算法人单位。

资料来源：《北京市区县统计年鉴2012》。

三、污染问题

（一）城市污染排放激增，治污投入加大

1. 城市污染排放量居高不下。2013年，全国城市工业废水排放量达到209亿吨，工业二氧化硫产生量5 355万吨，工业二氧化硫排放量1 713万吨。在所有地级市中，苏州市的工业废水排放量居首位，达到7亿吨，上海市、杭州市也超过4亿吨，石家庄市、大连市、重庆市、绍兴市均超3亿吨；工业二氧化硫排放量重庆市居首位，达到51万吨，唐山31万吨，上海市、鄂尔多斯市、淄博市、天津市、包头市、榆林市、六盘水市、邯郸市等城市的工业二氧化硫排放量均超过20万吨。[①]

2. 城市生活垃圾清运量逐年递增。随着大城市人口聚集规模的增长，以及居民生活、消费水平的提升，所产生的生活垃圾持续增多。自2006年以来，全

---

① 资料来源：《中国城市统计年鉴2013》。

国城市生活垃圾清运量逐年增加，2012年达到17081万吨，比2006年时增加了2240万吨。城市中的垃圾不仅增加城市运营成本、占用城市空间、影响城市景观，而且其储存、运送、堆放和处理过程中对城市空气、水体和土壤造成污染，并成为细菌和害虫的滋生地。中国城市在推进垃圾处理方面做出了许多努力，并将城市垃圾无害化处理比率作为衡量城市发展的重要指标，但仍未形成完善的垃圾分类和精细化的垃圾处理模式。

3. 治污投入加大。近10年中国的环境污染治理投资大幅增加，尤其在城市环境基础设施建设、城市燃气改造、集中供热建设和园林绿化方面的投资增幅较大。2012年全国环境污染治理投资总额8253亿元，比2004年增长了3倍多；其中，城市环境基础设施建设投资额5063亿元，比2004年增长了3.4倍，城市园林绿化建设投资2380亿元，比2004年增加了5.6倍。

（二）城市水污染形势依旧严峻

从环保部发布的主要河流断面水质监测数据可以看出，我国主要水系污染治理效果逐渐显现，全国大部分流域的水体质量逐年改善，选取每个年份第一周的全国主要河流检测数据进行对比，结果表明呈Ⅰ～Ⅲ类水质的河流比重逐渐增加，水质呈Ⅳ类、Ⅴ类和劣Ⅴ类的河流比重逐渐减少，尤其水质呈劣Ⅴ类的河流大幅减少。

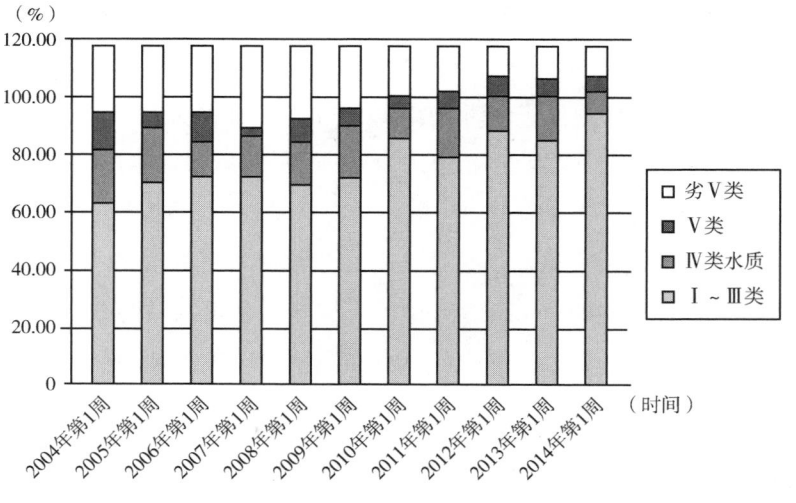

图2-11　每年第一周全国主要河流断面水质监测结果对比

如今，中国大部分的大中城市都已经建立起污水处理系统，并积极建设分流制排水管网，城市污水的收集和处理工作更加系统化，但污水收集率不高和处理能力有限的问题依然突出。从国家环境保护部公告的污水处理厂投运数据来看，2013 年全国投运城镇污水处理厂达到 4 136 家（比 2008 年增加了 2 615 家），污水处理设备的日处理量占设计能力的约 72%，平均每日处理污水 1.26 万立方米。① 全国已有 651 个设市城市建有污水处理厂，占设市城市总数的 99.1%；已有 1341 个县城建有污水处理厂，占县城总数的 82.6%。但另一方面，城市中未经处理即排放的污水数量巨大，城市地表水富营养化现象仍十分显著，城市污水处理能力还有待提高。根据中国城市统计年鉴，2012 年大城市的污水集中处理率仍然偏低，重庆、天津较高，为 91%、87.4%；广州市、北京市、上海市分别为 82.7%、83%、84.6%；宁波、南京仅为 75.4% 和 62.7%。

（三）大气污染加剧并成重要区域性问题

1. 城市大气质量堪忧。根据中国环境保护部对京津冀、长三角、珠三角等重点区域及直辖市、省会城市和计划单列市的空气质量监测，2013 年，74 个城市中仅海口、舟山和拉萨 3 个城市空气质量年度状况达标（《环境空气质量标准》（GB3095 – 2012）），仅占 4.1%，74 个城市空气质量的平均达标天数比例为 60.5%。② 近年来，全国大范围发生雾霾的概率增加，而且呈现持续时间长、影响范围大，污染物累积多的特点，2013 年全国平均霾日数为 35.9 天，为 1961 年以来最多，尤其中东部地区、华北中南部至江南北部的大部分地区雾霾天气多发，部分地区雾和霾的天数甚至超过 100 天，而长三角和京津冀都市圈区域成为污染最为严重的地区。

2. 中国城市大气污染格局。总体来看，京津冀和长三角以及中部城市的污染较为严重。根据环保部的《2013 年中国环境状况公报》，按照新发布的标准对全国 74 个城市的 SO_2、NO_2、$PM10$、$PM2.5$ 年均值，CO 日均值和 O^3 日最大 8

---

① 根据环境保护部发布的"全国投运城镇污水处理设施清单"测算。
② 资料来源：中国环境保护部：2013 年中国环境状况公报，http://jcs.mep.gov.cn/hjzl/zkgb/2013zkgb/，2014 年 11 月 21 日。

小时均值进行评价，空气质量相对较好的前 10 位城市是海口、舟山、拉萨、福州、惠州、珠海、深圳、厦门、丽水和贵阳，大都位于东南沿海；空气质量相对较差的前 10 位城市是邢台、石家庄、邯郸、唐山、保定、济南、衡水、西安、廊坊和郑州，大都位于中北部地区。如表 2-4 所示，对京津冀、长三角和珠三角三大城市群中城市的监测结果进行对比，SO₂、NO₂、PM10、CO 年均值的达标率均为京津冀城市群最低，长三角城市群居中，珠三角城市群最高。

表 2-4　　　　　2013 年重点区域各项污染物达标城市数量

区域	城市总数（个）	SO_2	NO_2	PM10	CO	O_3	PM2.5	综合达标
京津冀	13	54%	23%	0%	46%	62%	0%	0%
长三角	25	100%	40%	8%	100%	84%	4%	4%
珠三角	9	100%	56%	56%	100%	44%	0%	0%

如今，大气污染已经成为中国大都市的关键问题，不仅影响居民健康和生活质量，还影响城市形象，制约城市经济社会发展，也因此被大多数城市政府、研究机构和民众所密切关注。以北京市为例，学者们近年深入分析了重污染天气的特征和季节分布，污染物的构成、成因、来源，以及污染的动力学机制等，研究表明：北京大气重污染主要集中在春季和秋冬季，其中春季以沙尘型为主，而秋冬季大部分为静稳积累型；一次污染物排放量过大仍是京津冀区域大气污染的本质内因，周边对北京地区细粒子的贡献逐渐上升（46%~60%），而南及西南地区对北京地区细粒子的输入高达57%~63%。北京市的大气污染除了和自然地理特征有关，受区域重化工业为主的产业结构影响外，也与城市建筑密度和高度增加所带来的下垫面粗糙不利扩散有关。为了弄清北京市大气污染的市内分异状况，并探索城市建设与大气污染之间的关系，研究从北京市环保局网站跟踪采集了 2008 年 1 月 1 日到 2014 年 12 月 31 日的空气质量数据，包含 35 个空气质量监测点在连续 6 年 2 557 日的空气质量指数（Air Quality Index，简称 AQI）数据，结合城市建设空间状况，对北京市的大气污染格局进行分析。

（四）城市内部大气污染空间差异显著

1. 大气污染的空间分异。以北京市各监测点连续 6 年的空气质量指数日均值数据进行系统聚类分析，运用 SPSS 软件中的 Ward 聚类方法，以 Block 距离对监测点进行分类，得出树状图如图 2－12 所示，根据树状图显示的距离远近可将各监测点划分 5 个类别：第一类包含东城的天坛、东四，西城的官园、万寿西宫，朝阳的农展馆和奥体中心；第二类和第一类距离较近，包括丰台云岗、门头沟龙泉镇、海淀万柳、石景山古城和海淀北部新区；第三类包括丰台花园、房山良乡、亦庄开发区、大兴黄村、通州新城和京南榆垡；第四类包括怀柔镇、密云镇、植物园、昌平镇、顺义新城和平谷镇；第五类包括延庆镇、八达岭、密云水库和定陵。

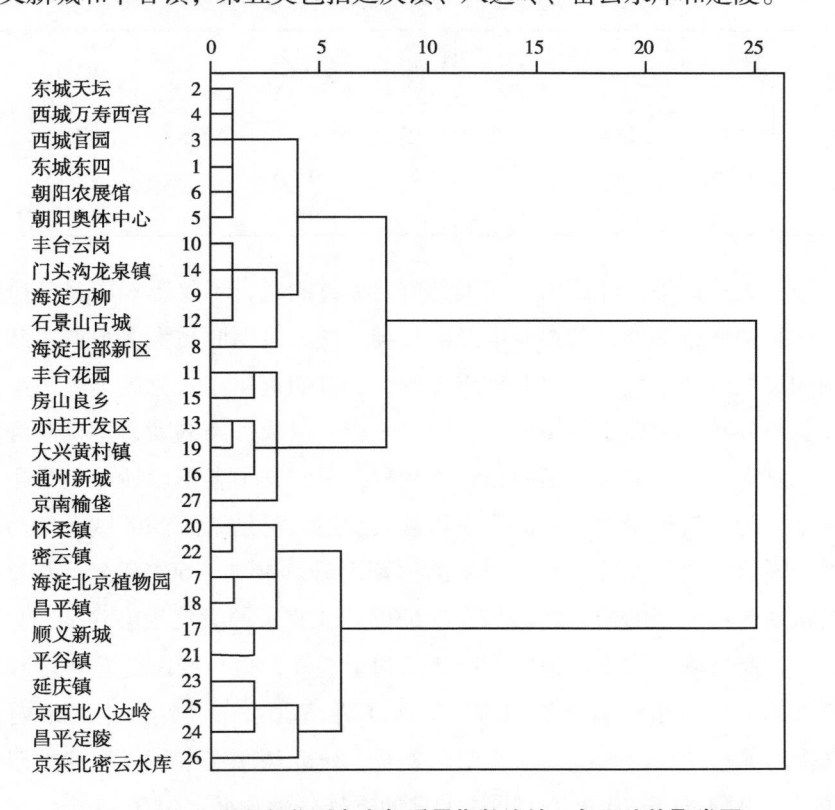

图 2－12 北京市各监测点空气质量指数连续 6 年日均值聚类图

对比各类质量检测点的空间分布发现：第一类质量监测点均分布于主城中心及其附近，居住就业密度很高；第二类主要分布于中心边缘，也经历了较长时期的发展；第三类为外围新城，近期城市化速度较快，人口、产业逐渐在此聚集；第四类为郊区县中心，距离主城较远，大都分布于东北部和西北部；第五类空气质量监测点周边自然植被覆盖较好，受城市建设和人类活动影响较小，东北密云水库、京西北八达岭、昌平定陵属北京市的城市生态涵养区周边自然植被繁茂，人工干预活动少。总体来看，同类监测点在空间上接近，或者与城市中心区域的相对位置一致，这说明，监测点的空气质量状况与其在建成区域中的相对位置有密切关联，也即城市空间建设格局是影响城内区域空气质量的重要因素。

2. 大气污染格局的空间演变。按照上述聚类结果，统计各类监测点空气质量指数的年均值，如图 2 – 13 可见，不同类别监测点的年均 AQI 曲线呈平行形态，也即随年份变化 AQI 值的增减趋势一致，但不同类别监测点之间的 AQI 值高低差异显著。结果显示，第四类和第五类空气质量监测点的空气质量指数一直低于前三类，包含密云水库、八达岭、定陵和延庆镇的第五类空气质量最好，其次为包含了远郊怀柔镇、密云镇、昌平镇、顺义新城、平谷镇和东北部植被茂密植物园的第四类。

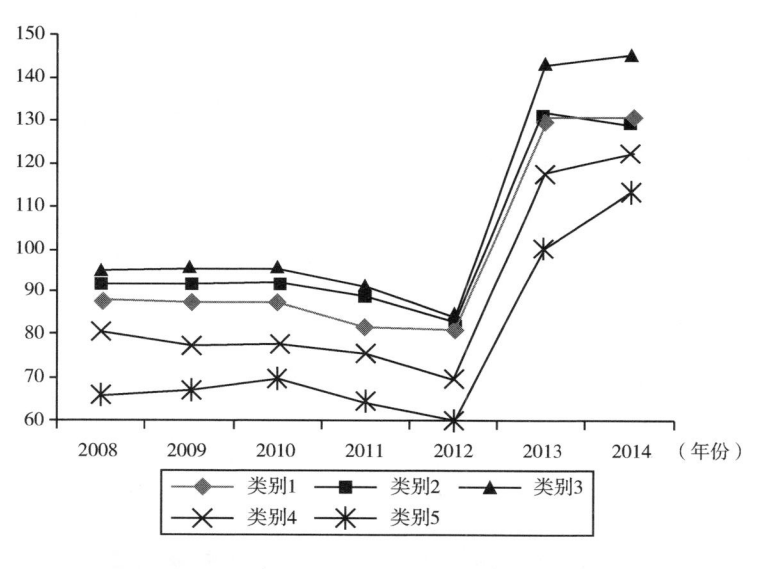

图 2 – 13 2008 ~ 2014 年北京市各类别监测点空气质量指数年均值变化图

空气质量指数年均值最大的为第三类监测点，包含丰台花园、房山良乡、亦庄开发区、大兴黄村、通州新城和京南榆垡等外围新城，这类监测点的空气质量指数近几年一直居于高位，显著超过其他类别。东部和南部的这些外围新城，在近几年承接了大量的主城人口、产业转移，逐渐形成有较大吸引力的增长极，各类建设活动较多，且处于中心城区的下风向方向，各种因素综合作用，导致这类监测点的空气质量较差。第二类监测点（中心边缘区域）的空气质量指数年均值在2008~2011年的空气质量优于第三类（外围新城），2008~2011年空气质量指数均值低于第二类监测点（中心主城），但近三年比较接近甚至略差于第二类监测点。

（五）城市建设格局对大气污染空间分异的影响

一方面，相较于土壤污染、噪声污染和水污染，大气污染扩散更广泛而迅速，也因此近域同质性较为明显，具体表现为北京市域不同片区的空气质量状况有很强的相似性，各空气质量监测点在不同年份的空气质量指数（AQI）值呈同方向性变化。但另一方面，由于地形、下垫面植被状况、污染源分布、开发强度等的不同，城市不同片区的空气质量会呈现明显的差异。

1. 大气污染与人口分布的关联性。本文采用如下方法分析北京市大气污染格局与人口格局的相关性：首先，将2010年人口普查数据的信息录入北京市分街道区域图层，计算各街道的人口密度，利用人口密度数据建立市域范围内的栅格图层（见图2-14）；其次，利用跟踪采集的2008~2014年北京市各质量监测点AQI数据，运用ARCGIS软件ARCTOOLBOX进行空间插值，获得北京市域2010年的大气污染分布格局图，用市域界限作为掩膜提取2010年大气污染栅格图层的数据（见图2-15），使之与上述人口密度栅格数据的范围一致。利用多

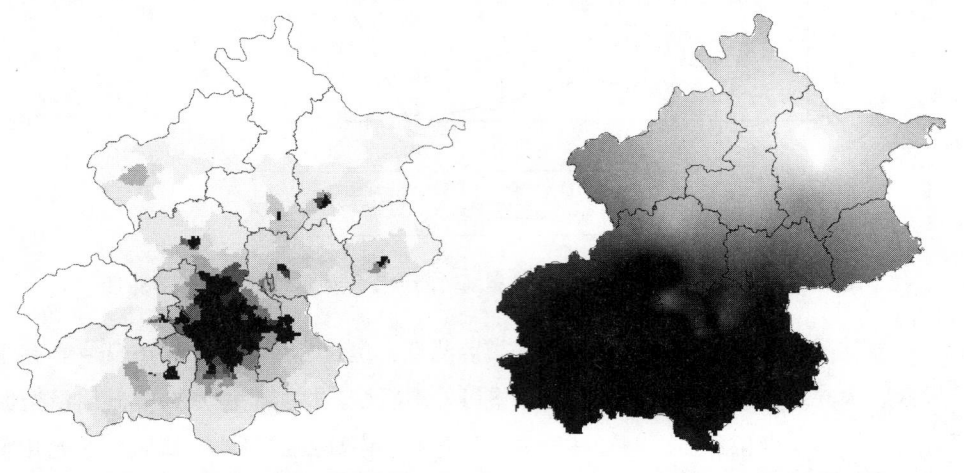

图2-14　2010年各街道人口密度栅格图　　　图2-15　2010年空气质量指数栅格图

元分析中的波段集统计分析，探索上述两个栅格图层之间的相关关系，结果显示两个栅格图层的相关系数 0.22。由于对空气质量监测点进行 king 插值必然存在误差，但两栅格数据仍然有 0.2 以上的相关系数，说明两个栅格图层之间存在着较为明显的正向相关关系。

2. 大气污染与城市建设格局的关联性。继续利用跟踪采集的 2008～2014 年北京市各质量监测点 AQI 数据，运用 ARCGIS 软件 ARCTOOLBOX 进行空间插值，获得北京市域 2008～2014 年不同年份的大气污染分布格局图（见图 2－16）。如图可见，整体上北京市域的大气污染以主城区北部边缘为界限，呈南重北轻的格局分布。北京市的地形呈北高南低的格局，北部山区植被优良、人口密度小、受人工干扰和污染影响较小，且处于盛行风的上风向，这一大环境是市域大气污染南重北轻的决定性因素。其次，图 2－15 也显示，市区内的植物园等植被优良片区空气质量好于周边，在污染累积中呈现低值洼地，这也充分说明城市建设格局和绿化状况会显著影响大气环境。在局部地域上，城市建筑物和绿化的等分布情况对空气质量格局有重要影响。将北京市的地形地势和大气污染格局进行对比，地形分界线呈东北－西南走向，而大气污染格局分界线却呈东西走向，空气质量指数在主城区北部边缘呈阶梯状分布。

随着城市化进程的推进，建成区域的空间扩张、城市内部功能结构的调整以及城市规划和绿化的改善，都会对城市大气污染产生比较显著的影响。自 2008 年以来，北京市域的大气污染格局发生了比较明显的变化，与东、西、南片区相比，中心城区的空气质量逐渐接近北部区域的水平，至 2013 年和 2014 年已经形成显著的城区低值片区，这与北京市内的低端功能置换、产业疏散和绿化改善有密切关联。大多数城市中的郊区新城常采取粗放式开发，污染排放较高。如图 2－16 所示，南部片区以大兴黄村、亦庄开发区和房山良乡为中心，形成比较明显的 AQI 高值片区，尤其在 2009～2012 年的 AQI 分布图中，能够较清晰地看到这一高值环岛。

上述结果表明，北京市的大气污染形势严峻，且在城市空间内部出现显著差异，城市经济活动密集程度、自然环境、空间位置和下垫面状况是污染差距的主要原因。尽管大气污染在地域空间上倾向于广域扩散，但在城市微观空间范围内

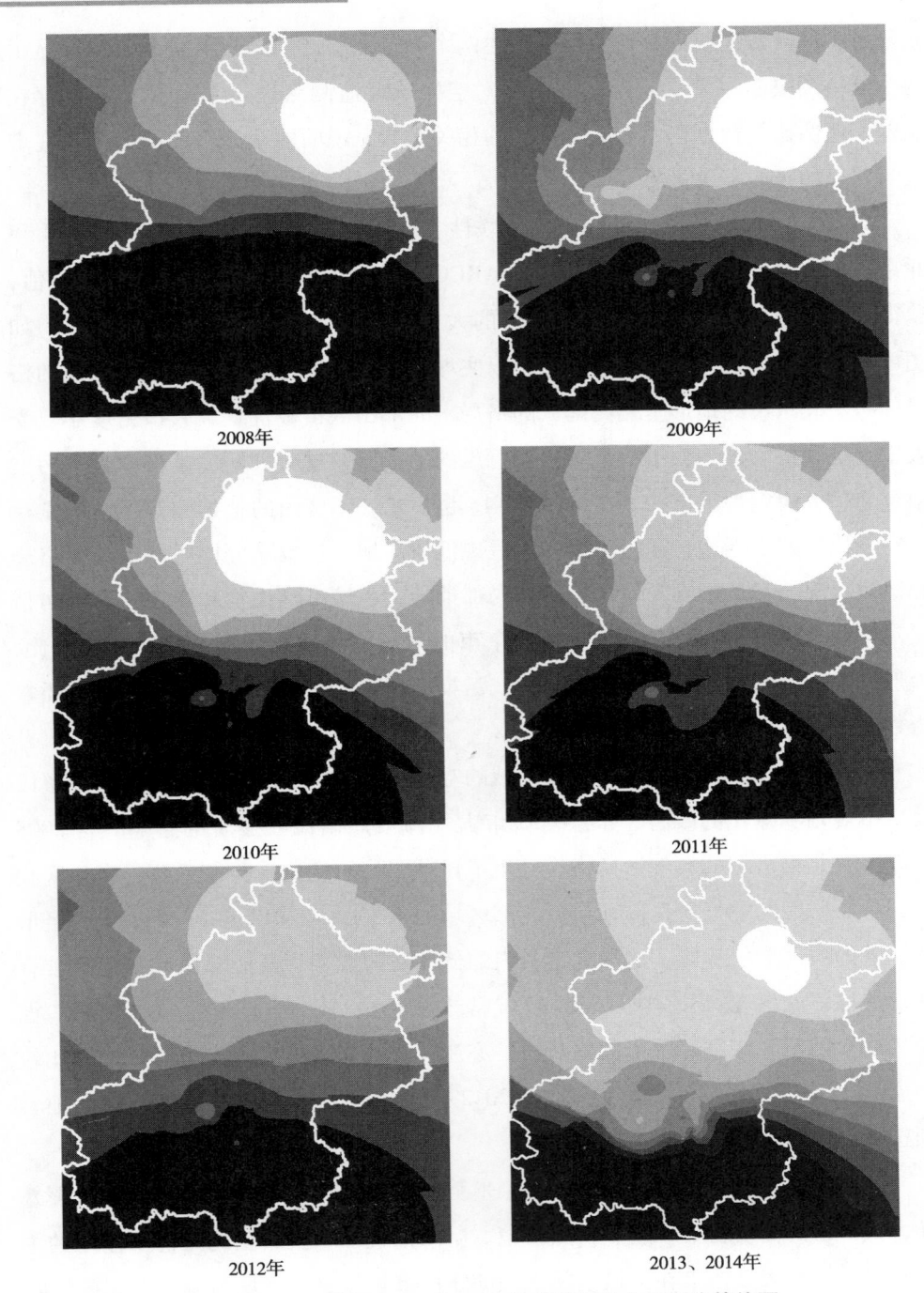

2008年

2009年

2010年

2011年

2012年

2013、2014年

图 2-16 以 2008~2014 年 AQI 均值绘制的大气污染等值图

仍存在局域累积现象，因此，优化城市建设格局可以作为城市大气污染治理的一条辅助途径，尤其对局域空气质量的提升有重要价值。城市污染治理和环境的改善，有赖于资金投入和治理技术的改进，以及发展理念和管理方式的转变，同时还需通过城市空间格局的转变，根据生态原则对城市绿色廊道、城市建筑密度、工业区域进行部署，来有效促进污染的消散，改善污染累积格局。

四、"城中村"问题

（一）中国"城中村"的特殊性

20 世纪 90 年代以来，我国城市化进程加快和城市空间拓展加速的同时，许多乡村地域逐渐被城市地域所包围，由于经济收益暂存、利益矛盾复杂等方面的原因，一些被包围的地域暂未得到及时拆迁和更新，因此呈现出与周边城市区域的多方面不一致或矛盾，其自身表现出景观无序、设施落后、疏于管理、卫生恶化等特征，再加上租住人员流动性强，社区文化也同周边城市区域存在强烈反差，从而形成城市中特殊的"城中村"空间。甚至有些"城中村"成为治安欠佳、犯罪率高发的重点区域，给附近居民带来不良影响，也成为管理者主要监控和治理的对象，同时也引发一些社会区隔的问题，也因此，"城中村"常常与城市贫困、住房问题等相互纠结在一起，共同构成城市空间的贫困区域。一般而言，"城中村"是指在城市建成区域内存在的乡村聚落形态，而更广义的"城中村"则包括了所有游离于城市化生活和城市常规管理之外，却分布于城市化区域之内的设施落后、生活水平低下的居住空间。

源于市场力量和社会关系等因素的作用，国内外城市中贫困群体的空间聚集趋势都比较显著，西方一些城市的郊区化引发中心衰落而导致贫困聚集，与中国的"城中村"问题的产生、演变机制有所不同。随着发达国家机动车的普及和高速公路的拓展，受郊区环境条件和社区品质的吸引，大量中上收入阶层迁往郊区居住，而将缺乏活力和竞争优势的中心城区留给了低收入群体，开发商也更青睐投资前景优越的郊区而忽略中心城区，因此一些中心城区逐渐没落，某些地段出现大量空置住宅和土地，某些区域设施陈旧，甚至变得极不安全，并滋生各种社会问题。西方发展中国家的"贫民窟"问题也与我国的"城中村"有着本质的不同，虽然同样设施落后、治安较差、犯罪多发，但"贫民窟"大都自建、占据公共用地。而中国的"城中村"则大都是乡村居民原有居住地，保留了原有的亲缘关系和稳定的社会网络，具有内聚性的血脉传承和对村落旧址的社会归属感，城中村为大量外来流动人口提供低廉租金的居所，降低其生存成本，在城市化中发挥了独特的作用。

国内外的城市贫困与城中村问题有着根本性的差异，其形成原因、主要格局、表现形式有着显著不同，也因此需要各自适宜的解决思路与途径，西方城市更新和旧城改造的模式对我国城中村治理有积极借鉴意义，但无法从根本上解决自身的特殊问题。如今，中国学者关于城中村的研究丰富而深入，从不同侧面关注了城中村问题：从社会学角度关注"城中村"的社会演变、社会关系网络与社会治理，从经济学角度探讨"城中村"存在与运行的经济根源、经济形式演变与管理，从政治、法律角度强调"城中村"问题的城乡二元制度成因、主体权益等，以及从规划、管理角度探索城中村改造模式等。本书拟对中国大都市中"城中村"问题进行梳理，探索中国快速城市化进程中"城中村"的空间演化特征，并从城市空间治理和城乡融合的角度提出相应对策。

（二）城中村问题的主要表现

1. 城中村的主要经济活动形式多样，非正规经济居多。部分城中村的居民由于尚有农地，因此被城市化区域包围的同时，还在周边从事农业经济活动，部分城中村民的农地已被全部征用，不再从事农业生产。城中村的非农经济形态主要有三种：其一，是村民通过房屋和土地出租的方式获得收益，被称作城中村的"租赁经济"；其二，是村中自发形成的家庭经济或村民组织共同营建的集体经济；其三，租住者在城中村所从事的一些转运、餐饮、低端制造业等经济形式。总体来看，非正规经济居多，这些经济活动一方面提供了廉价而丰富多样的消费品，另一方面常常因城市管理监督不足而扰乱市场秩序，形成安全隐患。但也有学者指出，非正规经济有存在的自身价值，正规经济的负效应是重要原因，"城中村"中的非正规经济在解决就业和提供正规经济补充方面具有不可忽视的作用。

2. 私建现象众多，缺乏统一的空间规划。一些城中村由于地处人口密集的城市空间，土地和房屋出租收益很高，租赁需求强烈，若拆迁补偿低于出租的预期收益，则难以达成拆迁整治共识，进而产生抵制政府征地、整治和拆迁，违法用地和私自加盖建筑的现象。城中村的土地产权界定不清，大部分城中村的土地资源仍属集体所有，村民的宅基地使用程序并不规范，对于政府管理者来说，为了避免大规模的冲突和不安定因素出现，对某些违法建设行为视而不见或默许，对违章建筑的"既成事实"采取容忍态度，村民出于"法不责众"的心理和违法成本较低的原因争相建设违章建筑，最终导致城中村建筑密集、杂乱，道路、通道不畅，采光通风不良，公共空间被挤占，很多道路都难以满足消防、急救等车辆的通行，空间安全得不到保障。

3. 基础设施不完善，居住环境质量不高。城中村常常缺乏必要的基础设施和公共服务配套，或者配建水平较低。一些城中村由于公共卫生设施不足或者管理不善，甚至出现垃圾乱堆、污水横流的现象，公共厕所难以满足需求，且卫生状况也较差。另一方面，教育、医疗、文体娱乐等公共服务设施不足，商业服务也以非正规的摊点为主，一些城中村的水、电、暖等管网无法到达各户，或者铺设混乱。

4. 人员混杂，治安与犯罪问题突出。城中村常表现出治安差与犯罪率高的突出特征，因此是管理者重视和努力改造的主要对象。如今，大部分城中村仍由村集体自治，而未纳入城市社区管理体系，由于村委会大都只负责管理本村民众，而不负责流动人口的管理，因此形成空间管理的薄弱区域。另一方面，城中村房租低廉，吸引了大量低收入的流动人口租住，一些城中村容纳的外来人口的数量甚至几倍于原住民人数，人员混杂且流动性强，文化程度普遍较低，法制观念淡薄。因此，一些城中村隐匿了大量不文明和不合法的社会行为，常成为犯罪分子藏身的地方，社会治安较差，犯罪率较高。

5. 管理机构职能不清晰，多头管理。由于大量城中村在城市化进程中长期处于待改造状态，以村集体所有制为主要特征，与城市管理体制格格不入，也尚未纳入城市统一的基础设施和公共服务体系，因此管理水平低下，公共设施和卫生服务质量不高。而城中村周边的道路、设施又归城市或区政府管理，城中村的居民出入、停车、施工建设等活动和治安、景观、卫生状况改善又是城市管理的重要内容，因此必然存在着村集体和城市管理部门之间难以划分职能的状况，多头管理、权限不清等问题比较突出。

（三）中国"城中村"的常见改造模式

2008 年，建设部发布了《关于加强城中村整治改造工作的指导意见》，提出了整治和改造城中村的基本原则，并对改善城中村的住房条件、加大公共设施建设等方面做出指引。南京市于 2005 年已开始重点改造主城区城中村的行动，将绕城公路以内的 71 个城中村、20.24 平方千米的集体土地纳入改造计划；① 北京市于 2009 年开始对大望京村和北坞村 2 个城中村试验点进行改造，于 2010 年开始大规模推进 50 个重点城中村的改造工作；上海、广州、杭州等大城市也纷纷展开城中村治理工作，并在其中积累了丰富经验。在城中村的改造过程中，常常涉及几个方面内容的转变：一是将城中村内的土地权属由村集体所有转为国有；二是农民变为城市居民，农业户口转为城市户口，居民享受城市居民同样的社会保障；三是取消原有的村委管理模式，改为城市居委会的管理；四是原有的村集体企业改制为股份制企业，由村委会管理的教育等部门改为由城市统一管理；五是改善城中村的建筑和空间环境，提升基础设施水平和建筑空间品质。主要的改造模式包括：

1. 政府主导改造。政府主导城中村改造工作，市、区政府和规划部门、土地管理部门协作，对土地权属进行转换后，统一对地块进行规划，部分用地通过招标方式委托建设机构进行建设新的村民住宅，部分用地通过出让方式获取出让金用于城中村改造，杭州市的城中村治理主要采取了这一模式。

2. 政府引导开发商改造。政府通过整体规划、土地出让和政策优惠的方式，引导开发商对城中村地块进行拆迁、改造，开发商自主筹措资金进行拆迁补偿和安置房建设，并通过在拆得地块建设商品房或商业开发的方式获得资金收益。珠

---

① 南京市政府：《南京市政府关于加快推进"城中村"改造建设的意见》，2005 年；南京市规划局：《南京市绕城公路以内城中村改造规划》，2006 年。

海市的城中村改造主要采取了这一模式。

3. 政府引导村集体和村民改造。政府通过辅助规划、资金扶持等方式，鼓励村民和村集体对城中村进行改造，通过改建和重建的方式提升居住品质和城中村空间环境质量。

4. 政府引导多元主体改造。政府作为城中村改造的引导者，制定相关优惠政策和扶持措施，促进市场多元主体的参与，在建筑空间建设、基础设施建设和社区建设的不同阶段，引入开发商、城中村集体等不同改造主体，充分发挥多元主体的自身优势。例如深圳市的城中村改造包括了政府工程、城中村集体股份有限公司、开发商的共同参与。

（四）快速城市化进程下"城中村"的空间演化特征

1. 城市边缘区大量孕育城中村。快速城市化背景下，城市空间的大规模、无序蔓延，是城中村日渐增多的重要原因，与此同时，城市边缘区、城郊结合部也成为城中村产生的前沿区域。良好的城市化模式应是城市与农村的有机结合，在一定的区域空间中有序共生、良性互动，而不是城市包围农村或城市农村混杂的模式。然而，我国大城市的扩展模式以周边蔓延为主，城市增长缺乏长远规划与合理部署。微观层面上，在土地市场的作用下，开发商的逐利性使得其尽量避开村庄以减少拆迁成本，而选择农地进行开发，因而大量村庄的耕地被占用，而村落被保留下来。中观层面上，表现为建成区向外蔓延拓展的过程中，城市逐渐吞噬周边农业用地和农村，把大面积农地改为城市建成区域，将原有的农村包围进城市空间（见图2-17），进而形成大量的城中村。

2. 乡村向城中村演化过程中，以及城中村改造过程中，空间剥夺现象凸显并加剧。剥夺（Deprivation）一般用于研究弱势或少数群体，指相"较于个人、家庭或群体所属的地方社区或者更广泛的社会和国家的一种明显的劣势状态"（Townsend P. 1993）。乡村向城中村演化过程中，原有乡村自然景观和周边物质环境被改变，村民失去原有生活环境和所依赖的生活方式。由于观念、消费偏好和收入水平等的差异，城中村周边新建的商业、娱乐设施难以很好满足居民的需求，城中村内、外的设施水平、景观有序性等也存在巨大落差。对于城中村居民

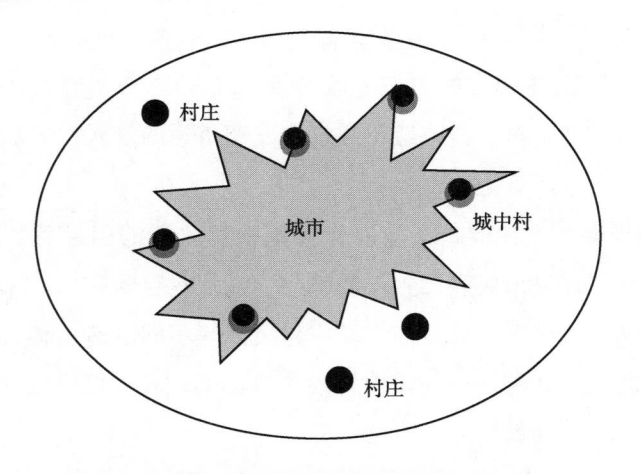

图 2 - 17　城市化进程催生城市边缘区的城中村

来说，教育等公共服务资源的可达性和可进入性较差，从而在资源、景观、设施等诸多方面形成空间剥夺。对城中村居民的空间剥夺不仅仅存在于城中村的形成过程中，城市管理者对城中村的改造过程也会加剧对其中所居住流动人口的空间剥夺。汪丽、李九全对西安城中村的网本研究也显示，西安市的城中村改造对流动人口"从资源空间、情感空间和机会空间三方面形成了多重剥夺结构"（汪丽、李九全，2014）。

3. 城中村形成及其改造过程，也是城乡空间生产与社会关系再生产的过程。在中国快速城市化进程中，乡村演变为"城中村"并进一步改造的过程，是大都市城市空间异质化和同质化进程的重要内容，是城市空间生产的重要形式，同时也是"农民社会生产关系的嬗变以及城中村社会空间的生产与再生产过程"（张京祥、胡毅、孙东琪，2014）。城中村的产生，是政府、开发商、农民和城市空间需求者等多元主体的共同作用的过程，在此过程中，土地利用形式发生了变化，空间要素聚集态势也发生了转变，实现了某些地段和地域上城市空间从无到有、从少至多的转变；同时，人口增多、人员构成复杂化和人口流动性增强，乡村原有的以血缘、地缘、乡规民俗为中心的社会关系网络，逐渐向现代化城市社会网络转变。

第三章

基于自组织系统论的"城市病"
本质、根源与调节思路

我国的城市化进程起步较晚,城市问题的发展演进也较西方滞后,现今的研究重点集中在"城市病"的内涵和原因分析上,本书将自组织系统理论引入"城市病"研究,对其深层次根源和本质进行挖掘,尝试探寻"城市病"治理中自组织与他组织多元协同的路径。

自组织理论产生于20世纪60年代,是一个包含了耗散结构论、协同学、突变论、分形理论、混沌论等理论核心的综合性科学理论体系,被广泛运用于自然科学和社会科学的研究。赫尔曼·哈肯在他的著作《信息和自组织》一书中指出,"在获得空间的、时间的或功能的结构过程中,没有受到外界的特定干预的系统,即是自组织系统"。西方学术界早已将城市视作典型的自组织系统,中国城市尽管受政策和规划等外力影响较大,但仍表现出显著的自组织特征。陈彦光等的研究指出,中国的人口城市化具有1/f涨落的特征,城市空间网络的分形结构和位序—规模分布上也体现出自组织性特征。城市系统的演化过程中,个体活动具有显著的多样性、复杂性和自主性,城市空间的发展演变是在各种自组织力的作用下,自主自发地实现的。运用自组织理论能更加深刻地厘清"城市病"在城市系统中的运行、反馈机制,从而找到更确切有效的治理路径。

一、自组织视角下"城市病"的本质与内涵

(一)"城市病"产生于城市自组织过程中的非平衡态

城市自组织理论指出,城市系统是一个非平衡的开放系统,非平衡性和开放

性是城市发展、演化的必要条件。普利高津支撑耗散结构理论指出，非平衡乃有序之源，自组织系统在远离平衡态的状况下会朝着有序、有组织的方向发展，城市系统的非平衡性正是推动其空间格局不断发展演变的动力。自组织系统非平衡性的关键在于其开放性、流动性和非线性机制，非线性相互作用是系统自组织活动的基本前提，城市系统各要素间的非线性作用则是其自我调节、趋于有序的必要支撑。例如，住房价格、土地供应、就业机会等在城市空间上的不平衡性，正是推动市民迁居和城市居住空间不断演化的动力，而城市居住系统的开放性和住房市场供应的多样性是市民自由迁居的重要保证。市民迁居和人口流动又能反作用于房价、土地供应和就业机会等，从而缓和不平衡性，促进城市居住系统的有序化。

自组织过程实则"从混沌到有序"的演化过程，或者从一种有序状态转换为另外一种有序状态的过程，在这种演化中每一个节点都可能发生突变，从而产生无序、混乱，使城市系统处于远离平衡态的非平衡区域。一方面，城市自组织系统的这种非平衡是城市发展演化的动力，是城市从一种有序状态走向更高级有序状态的重要条件；另一方面，某些不协调的非平衡态又表现为城市问题，例如房价的差距悬殊、某些空间的土地过度紧缺等，这些问题严重时即产生"城市病"。在城市系统的自组织过程中，无序、混乱或某些突变的节点都可能表现为城市实体的不协调，表现为人口和经济活动的聚集与城市的空间、资源、基础设施等不相适应，当不协调和不适应问题严重时即演化为各种"城市病"。

（二）"城市病"随人口、经济等自组织涨落过程而演变

城市自组织过程是人口、经济等要素的历史演变和空间演变过程，是人口、土地、产业、景观等各种城市化逐渐推进的过程，同时也是"城市病"产生、演化和发展的过程。自组织系统在非平衡态的状况下通过涨落达到有序，人口的增减、经济的波动、建筑的拆建等都是城市系统内部常见的涨落现象，其中人口和就业机会的增减与空间变化尤其频繁，城市系统正是通过这些涨落现象逐渐趋于有序。人口和就业等状态参量的不断增长或减少是城市系统演变的突出特征，人口和就业在空间上的分布格局代表了城市系统稳定的耗散结构，而这一格局的

演变正是城市自组织过程的空间映像。人口演变与住房紧张、交通拥堵等"城市病"息息相关，是城市自组织系统趋于有序的途径，合理引导这一涨落过程可促进系统从耗散结构走向有序，反之则可能导致城市自组织系统的"郁结"或"病症"。对于特大都市来说，人口向城市外围空间和新城的流动有助于缓解中心区的过度拥挤，这种流动持续而且方向多样，速度有缓有急：缓慢的人口迁居活动属"微涨落"，可以调节城市系统，一定程度上缓解中心拥挤的"城市病"；政府主导下的一些大规模居民、产业外迁等"巨涨落"则可改变城市空间结构，大幅缓解城市问题。

（三）"城市病"具体地表现为城市系统的不协调

"城市病"是城市系统运行中各子系统之间不协调的一种表现。城市自组织系统作为一个开放的巨系统，时刻在进行着内部子系统之间、系统内外部之间的物质、能量、信息交流，这种交流和系统反馈机制是维持城市保持总体平衡的根本，一旦交流和输入输出系统出现问题或者信息反馈机制失灵，都将使城市系统失去平衡，严重者会使城市运行陷入瘫痪状态。就具体表现而言，"城市病"表现为对城市正常运行和发展产生严重阻碍的、影响城市健康和可持续发展的问题。更确切地说，"城市病"是伴随着城市发展或城市化进程，在城市系统内部产生的一系列经济、社会和环境系统不协调的问题，是城市发展过程中会严重影响系统运行的混乱与无序状况。

对于现代城市发展来说，"城市病"不容忽视，因其容易带来城市运行成本的上升，将城市系统拖入恶性循环的怪圈。例如，交通拥堵带来巨大的时间损失，且加剧大气污染，对抗拥堵而产生的城市蔓延又增加总体交通量，或在新城与主城连接处形成新的拥堵节点。但也必须认识到，城市在其发展过程中，不可避免地存在各种问题，城市问题不断出现和解决的过程，实质上就是城市发展进步的过程。我们一方面应该重视其对社会、经济、生态等各方面的不良影响，另一方面也应正视其存在的客观与必然性。

二、自组织视角下"城市病"的根源探索

（一）一般性根源：供需失衡、社会失衡和体制性问题

"城市病"包含了住房、交通、环境、资源、社会阶层等多方面的矛盾，因此对其原因也应更全面地从多个角度进行考量。如图 3-1 所示，污染加剧、交通拥堵、住房紧张和资源短缺等问题的产生原因比较接近，可以归结为权力过度集中、资源分配失衡和规划管理不当，以及与此相关的人口、产业过度集中，问题的主要根源在于某些城市要素的供需失衡；城市贫困和城中村问题，则更多与社会分化、社会保障、社区管理和城市产业发展、城市土地管理问题有关。也即，"城市病"根源于资源供需失衡和社会失衡两方面，其中交通拥堵、环境污染、住房紧张等大都市最常见的问题都与相关资源的供需失衡有关，治安混乱、贫困和分化与社会失衡有关，而体制、管理、规划的不完善和权力分配的失衡会在另一侧面加重所有问题。

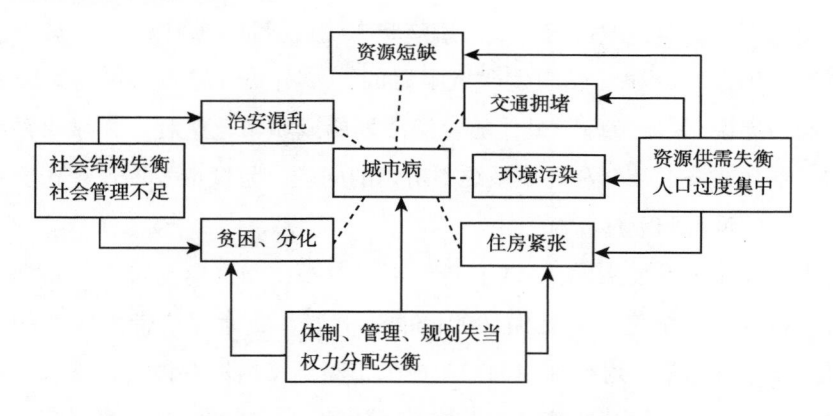

图 3-1 "城市病"的分类及其产生根源

（二）关键性原因：自组织涨落中人口过度、无序聚集

从深层次来看，"城市病"的产生同城市自组织过程中的人口无序聚集密切相关。城市病的实质是以城市人口为主要标志的城市负荷超过了以城市基础设施为主要标志的城市负荷能力，使城市呈现出不同程度的"超载状态"。如图 3-2

所示，人口迁移和流动是重要的城市自组织过程，自组织系统的反馈机制调节、制约人口的流向与流速。房价、地价、交通状况等构成反馈机制中的重要反馈信息，且与城市人口流动形成协同发展的共生机制。信息不畅或失真、反馈机制失灵或系统外部强力加压则会引发人口流动的无序、混乱、不足或过度。人口流动的无序和混乱通过信息传输和反馈机制又反作用于住房、土地和城市环境等子系统，甚至引发综合性的"城市病"。

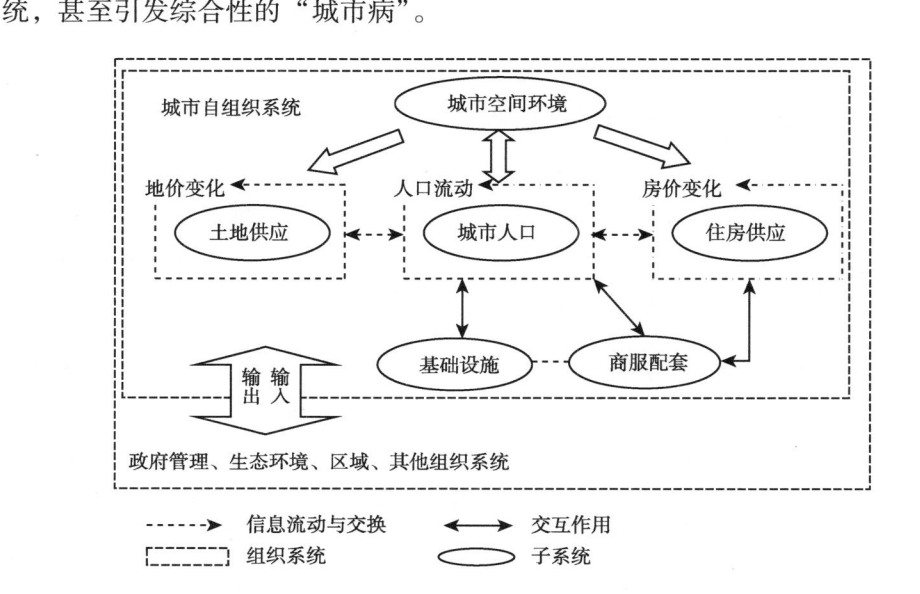

图 3 - 2　以人口为中心的城市自组织系统

增长极理论指出，地理空间上增长极点的经济、人口聚集是区域不平衡发展的常见模式，极点通过乘数效应和辐射效应对整个区域产生强大带动作用，在整个大都市区中，中心城区正是这样的地理极点，中心城区极点同外围新城、郊区、乡村地带之间通过极化和辐射带动作用相互联系，构成大都市区域共同体。增长极理论和中心外围理论体现了区域和城市地域的发展规律，也彰显了中心城区人口、经济聚集的必然性、合理性。然而，城市中的某些地理极点出现了过度聚集和过度极化的现象，相反方向的疏散机制不畅，极点的辐射带动效应不足，必然降低增长极点的乘数效应，最终使整个大都市区域的发展动力受到制约。历次人口普查数据显示，1990 年以来北京、上海、广州等特大城市人口进入持续增长期，我国 2010 年底人口超过 400 万的城市已经有 14 座，人口规模在 200

万~400 万的城市有 30 座，很多直辖市和省会城市已经成为或即将步入超大城市行列。另一方面，城市内部的中心地段人口压力不断膨胀，尤其是北京、上海、广州等大城市的中心城区人口密度纷纷超过 1 万人/平方千米，人口最密集的城区人口密度可达 2 万~4 万/平方千米。人口密度的增长必然伴随土地的高强度开发，以及交通拥堵、住房紧张和环境污染难以扩散的问题，这种现象在人口密度达到 2 万人/平方千米以上的城市中心区更为显著。

（三）结构性原因：系统缺陷和失衡

"城市病"的结构性原因在于系统之间的不协调，以及基础设施建设滞后于人口和经济发展。"城市病"与城市化进程的关联已经毋庸置疑，"城市病"因城市发展阶段而分异，随城市系统结构的不同而变化，有学者认为"城市病"是城市化尚未完全实现的阶段中，由于城市系统存在缺陷而影响城市系统整体性运动所导致的对社会经济的负面效应。某些"城市病"来源于城市化本身，会随城市系统的完善和城市化进程的推进而缓解，因此应称作"阶段性城市病"，这些"城市病"是工业化和城市化进展速度不一致所引发的，或者是各城市中社会、经济、生态和基础设施子系统发展不协调所致。其中，最为常见的就是城市基础设施与人口、产业城市化不协调所导致的城市化滞后问题，通过前瞻性的基础设施规划可以有效避免这一问题，在城市不断完善过程中也能逐渐缓解这一问题。

城市发展是由建成环境发展、社会和经济发展共同构成的，城市化过程中，建成环境、社会和经济发展不协调则会造成多种矛盾和冲突，出现过度城市化或城市化滞后，并带来一系列相关问题。如今，城市化和流动人口的不断增加也给现代中国大城市带来新的课题，人口快速增加而就业机会、生活空间、社会保障等没能跟上，则必然带来城市发展的不协调，引发新时期的"城市病"。

"城市病"也反映了人类社会系统与自然生态系统的运行失衡。从生态学的观点看，城市病问题主要是资源开发利用不当造成的。各种物流、能量流、人流、信息流是城市发展可利用的资源，是维持城市新陈代谢的物质基础。对这些"流"的输入和输出应该有一个质的标准和量的要求，以保持城市生态的动态平衡。资源开发利用不当导致各种"流"的交换失衡，并最终演化为"城市病"。

（四）系统外诱因：他组织作用中政府失灵

与自组织相对应，他组织是指需要系统外部指令或控制才能有序运行的组织系统，而对于既定的自组来说，外部因素和外力影响也可称为该自组织的他组织作用。在对城市自组织系统进行划分时，政府管理和政策系统处于边界区域。与社会、经济、生态等子系统的多元共生、自组织特征突出相比，政府管理和政策系统更倾向于受特定指令的约束和影响，他组织特征较为显著。然而，在界定广义的城市自组织系统时，政府和政策的作用又不容小觑，政府决策和市民行为、城市系统运行等存在着密切的信息交换和强力的相互影响、制约，因此，广义的城市自组织系统应将政府和政策子系统包含在内；而在狭义的城市自组织系统内，政府和政策的影响则可看作他组织力，是城市社会、经济、生态自组织系统的外在影响力量。

在狭义的城市自组织系统中，市场的力量属自组织作用，而政府的力量则可看作他组织作用，市场失灵和政府失灵都可导致"城市病"的加剧。一方面，在城市系统运行过程中，市政基础设施、城市环境以及开放空间等的公共物品特征显著，难以排他性、非竞争性和强大的外部性使得市场配置失灵现象突出，这也促使城市资源配置和管理需要更多地寻求市场之外的政府和政策途径。另一方面，由于规划管理技术制约和城市信息系统不完善等因素，政府管理和政策也会出现失灵和无效的状况，这也使得城市问题愈加复杂，"城市病"尤为严重。

"城市病"的某些侧面还与政府管理中的权力和资源的配置失衡有关。有学者从权力分析的角度指出，当下中国现代化过程中出现的"城市病"、贫富分化、城乡差距、地域差距等"发展综合症"，与权力的过度集中导致资源、利益和代价分配失衡密切相关。权力配置方式和运作机制的不合理会导致资源配置的低效与不公，并带来社会发展的不协调与"城市病"等"发展综合症"。干部选拔机制和政绩考核体系、财税体制、土地制度、规划体制、中央地方关系，通过影响城市政府的行为方式而成为我国城市发展特殊的动力机制，人为因素也会对城市发展形成误导，甚至起到决定性作用。权力过度集中，权力运行过程缺乏有效制约和监督，在城市建设规划中领导独断和决策不透明不科学现象显著，"短命建筑"、"短命雕塑"、"短命园区"、"烂尾公园"等在各地频现，决策的不科学必然导致规划建设不合理、土地资源浪费、城市系统不协调等问题产生。

三、"城市病"的自组织与系统调节思路

现代城市伴随着工业化、分工细化和贸易发展而成长起来，人口、经济和文化等要素的聚集是其自组织的固有属性，这也决定着拥堵、拥挤和污染累积等"城市病"的必然存在。即便如此，也不能把"城市病"简单归结为城市发展所引起的必然现象，不能将治理"城市病"的希望仅仅寄托于城市系统的自我完善。"城市病"的治理中，应一方面充分发挥城市系统自组织力作用，另一方面完善政府管理的他组织力，同时促进各子系统的协调和系统内外的协作。

（一）更多发挥城市系统自组织力的作用

在自组织理论看来，空间复杂性并不是导致城市空间无序、混乱的原因，却反而是城市自组织系统的核心，是体现城市自组织水平的关键度量标准。因此，保持经济活动的多样性、多元性，促进城市空间演变过程中政策、市场和个人等多方共同发挥作用，丰富组织要素的非线性作用关系，反而更能推动城市空间系统的协调发展，缓解系统不协调所产生的"城市病"症状。例如，在城市住房、基础设施、公共场所等空间实体的建设中，促进供应主体多元化和规划方案民主化；在城市政策制定中，引入多元、民主决策机制，尽可能避免精英武断决策；在城市管理过程中，应保持管理活动的灵活性和弹性，根据城市发展需要和实际情况调节管理方式和管理强度。总之，规划和管理应引导自组织力发挥正向作用，而不是掌控和压制其滋生和发展，应顺应城市自组织规律，而不是重建秩序和规律，否则只能是事倍功半、徒劳无益。

（二）协调城市自组织系统中各子系统的关系

"城市病"产生于城市巨系统，是各子系统之间运行不协调的结果，尤其是

人口、经济发展超过了城市资源、环境和基础设施的承载能力所致。因此，促进空间、资源、环境等各方面要素的恰当调配应该是解决"城市病"的关键。建设生态城市，促进城市的生态环境系统与社会经济系统的协调发展，促进城市社会、生态系统协同共生，有利于"城市病"的缓解。随着城市化进程和经济发展进程的推进，中国政府和市民也越来越重视城市环境生态的价值，尊重自然、顺应自然、保护自然的生态文明理念正在逐步确立。如今，绿化系统建设、生态系统保护、建设生态城市等成为许多城市发展的目标，尤其在北京、上海等经济发展水平较高的城市，生态效益目标已被政府管理机构列为核心目标，这也将为"城市病"的治理提供契机。

（三）从区域角度考虑和解决城市问题

开放性是城市自组织系统的突出特征，城市系统与外界之间通过物质、信息的输入输出进行交流，从而保证系统获得能量、适应环境和不断更新。城市是区域组织的中心，区域是城市的背景和外部环境，因此以区域的眼光来解决城市问题，实际上也是将单个城市置于区域系统的整体背景上来分析。事实上，"城市问题某种程度上就是区域问题"，而另一方面，"真正的城市规划必须是区域规划"，因此，"城市病"的解决也有赖于区域的协同治理。《2002－2003 中国城市发展报告》指出，在区域概念下重新进行城市规划，改善城市发展格局，打破现有政策的约束，才能从根本上解决日益严重的"城市病"问题。促进人口、资源等在城市群内的协调分配，可以有效缓解单个城市内部的资源、人口不均衡等问题，增强城市发展的潜力和国际竞争力。因此，吴良镛提出从区域角度考虑大中城市之间的相互联系，宁越敏提出实施都市区和城市群发展战略，均可视为"城市病"缓解的区域路径。

（四）完善权力运行和管理体制，减轻政府失灵

政府他组织作用中，权力分配机制的不合理会产生或加剧"城市病"，因此需要在城市发展的过程中不断调整和完善政府机制，在根源上修正权力运行机制、促进资源分配的公平合理化。在制度方面，应构建有效的横向和纵向权力制

约机制，培育和完善公民社会，从而促进资源平等合理分配，解决"城市病"和不均衡发展等问题。在时间方面，调整城市空间的利用时间，使人们在城市的活动尽量在时间上彼此错开，可以提高空间的利用效率，清除"时间死角"，对拥挤、犯罪、污染等城市病起到一定的缓解作用。科学规划管理城市交通系统、城市产业空间、城市商服配套网络，促进城市人口、产业和基础设施的合理分布，积极促进中心区功能的有机疏散，能够较有效地预防和缓解交通拥堵、住房紧张、环境污染等问题，促进城市系统协调有序运行。而在城市贫困、城中村的治理中，更需要一些人性化的举措，重点考虑如何给予流动人口和弱势群体以充分的社会保障，给予他们更公平的教育、医疗和参与管理的机会，而不是一拆了之。采用政府购买、用者付费、合同外包、特许经营等创新管理手段，可以加快解决城市问题的步伐，借助市场和民间的资金、技术、人员、设备来解决某些城市公共问题，发挥市场运行的效率和灵敏性优势，缓解城市基础设施不足、能源资源短缺等"城市病"。

工业革命时期城市的混乱与无序表明，某些特定的阶段中，城市自组织的耗散结构特征突出，涨落至有序的过程过于缓慢，政府和公共部门等他组织必须通过外在干预引导城市自组织快速向有序转变，通过法令和管理来规范城市秩序，当然，这种干预和规范也应因城市发展进程和地域特色而制宜。

四、小结

"城市病"属于城市自组织过程中的特定非平衡态，是城市自组织涨落过程中的正常现象。资源供需失衡、社会失衡和体制不良共同构成"城市病"的一般根源，人口无序、过度聚集所引发的系统不协调和结构失衡属于更深层次的核心诱因，他组织作用失灵则更加剧"城市病"的症状。为了尽可能地将"城市病"的不良影响降至最低限度，需要通过城市系统的自组织和他组织作用来共同治理，治理路径包括四个主要方面：引导自组织力发挥最佳作用；协调自组织系统中社会、经济、生态子系统，协调人口与建成环境的关系；将城市自组织置于区域组织的大背景下来考虑城市发展和"城市病"治理，构建城市之间、城市与区域之间的和谐共生关系；准确定位政府的他组织地位，完善权力和政策的制约体制。

城市自组织理论是城市系统发展的重要研究理论，也将给"城市病"的研究与治理带来更多新的突破和契机。未来还应加强城市自组织涨落机制研究，弄清"城市病"在不同涨落过程中的响应机理，探究城市自组织系统的突变活动及其间的"城市病"产生机制，从而为我国城市健康发展和政府城市管理提供理论支撑。

第四章

多中心城市体系建设与人口
疏散的理论与实践

以上基于自组织理论的分析表明，城市自组织涨落中人口的过度、无序聚集是"城市病"的关键性根源。城市系统的复杂性使得许多城市问题交织在一起（例如交通拥堵将导致空气质量的恶化，中心区的住房紧张和拥堵同在，人口迁移与住房、交通状况息息相关），这增加了治理"城市病"的难度。从演化过程来看，"城市病"的产生和发展涉及城市中的经济、社会、生态、制度等各个方面，并且相互牵连、互为因果、联动发展，因此解决"城市病"不能只注重其中某个方面，而需要系统地、综合地部署。自现代城市规划产生以来，学者和管理者在不断探索各种路径来解决城市问题，无论是最初阶段的建设新城、卫星城思想，还是现今全球都市实践中的多中心城市空间建设，实质上都是解决、缓解"城市病"的重要途径。本研究将重点探索多中心和人口疏散来缓解"城市病"的路径模式，本章集中分析城市多中心空间建设的理论与实践，梳理多中心城市空间建设和人口疏散的相关研究，作为后续分析的重要基础和依据。

一、多中心城市区域的内涵与相关研究

在技术进步、经济转型和后工业化生产的背景下，全球很多国家和地区的人口都面临着新的境况，呈现出逐渐降低的生育率和人口增长率、逐渐增高的预期寿命和夫妻分居比例、明显缩小的家庭规模、增长的同居者与新型家庭模式，以及老龄化与移民浪潮等，这些现象甚至被克利凯（Cliquet，1991）用"第二次人

口转变（second demographic transition）"来形容。与人口转变相对应的还有城市形态格局的转变，包括郊区化和逆城市化情境下城市空间的大幅扩展，以及与此相伴的多核心和多中心空间演进。随着城市间经济社会联系的增强，诸多城市共同构成的大型城市区域日益发育并成为重要的空间主体，开始引领国际经济、社会的交流和竞争，而这些大城市区域在发展演进过程中，逐渐呈现出多中心的特性。从20世纪30年代以来，尤其是从60年代以来，传统的CBD开始被一种二级CBD所补充，这种二级CBD经常在一些声望较高的居住区发展起来，吸引着诸如公司总部、媒体、广告业、公共关系和设计业等更加新型的服务业，比如在伦敦的西区、巴黎的十六区，或者东京的赤坂/六本木地区。不仅如此，在城市之外更大范围的区域内，多中心的城市区域格局也逐渐增多。如今，多中心发展不仅是大城市区域自组织演化的方向，还成为污染、拥堵、住房紧张等大都市"城市病"治理的重要出路，也因此被欧美发达地区和国家的政府积极关注和推进。无论是国内还是全球范围内，多中心化都正在成为城市空间格局的最主要表现，城市化水平越高的区域这一表现就越显著。彼得·霍尔（Peter Hall）和考蒂·佩因（Kathy Pain）等人针对巨型城市区域（MCR：mega-city region）的研究指出，多中心正作为一种全新的现象，在当今世界高度城市化地区出现；东亚地区的多中心巨型城市区域逐渐兴起，典型的区域包括中国的珠江三角洲和长江三角洲地区，日本的京阪走廊带和印度尼西亚的大雅加达地区。

（一）城市"中心"与"多中心"的含义

对于城市这一地理实体来说，中心除了表达一种空间关系，还包含深刻的文化、政治和历史内涵。在西方古典城邦中，中心往往是教堂和朝拜的地点，表达了宗教的神圣、凝聚和人们对它的向往；在君主国中，城邦中心是政治权力机构所在地，也是中央集权统治的地理体现。无论如何，在那时的城邦中心，建筑与空间设计往往突出地体现力量与控制，并通过各种手法营造敬畏感和神圣感。

在现代城市中，中心更多被理解为人口、产业或建筑最密集的地方，社会经济活动尤其是商业、商务活动最富集的所在，土地资源最稀缺、最昂贵的位置。实际上，这一概念常用来指位于城市中心部位，以金融、贸易、信息、管理（商业性管理、行政性管理)、商业(零售批发)、会议展览、文化娱乐、旅游服务等高级化的第三产业为主体,辅以现代化的交通和通信网络的功能地域。

对于多中心城市体系来说,它不仅是一种中心分化或空间多元化的形态格局,还隐含了层级分散的动态内涵,对于超越单个城市行政区之外的城市区域的"多中心"来说,这种分化和层级体现的尤为明显,包括从主要城市到较小城市的向外扩散,从而构成等级体系中的不同层级(Christaller,1966),以及一些等级较低的服务功能从高级别的中心城市向低级别中心城市扩散(Llewelyn Davies,1996)。这种层级性也使得多中心概念与"尺度"高度依赖:在某一尺度上的多中心可能是另一尺度上的单中心。同时,多中心城市区域还是一个内部连接紧密的结合体,中心之间有着便捷地连结与频繁的交流,因此,彼得·霍尔(Peter Hall)和考蒂·佩因(Kathy Pain)将多中心巨型城市城市区域描述为"10-50个空间上分离但是功能上相互连接的城镇聚集在一个或多个较大的中心城市周围,他们通过新的劳动分工而彼此联系,呈现出巨大的经济能量"。

(二)关于城市空间格局的研究

在西方城市建设的长期实践检验中,学者总结出很多关于城市空间格局的丰富、成熟、经典的理论,这些理论不仅构建了近现代城市规划学科体系,还为现今的城市规划建设、城市问题解决提供了关键性的指引。霍华德的田园城市理论(1898)阐述了理想的"城市——乡村"结合关系,并设想了中心城市与外围田园城市之间的协调、组合模式,成为大都市空间研究的先驱和多中心城市建设的重要指导。此后,R·昂温结合伦敦市人口和产业疏散实践,首次正式提出"卫星城市"(1923)的概念,这一概念自此之后被广泛使用和发展。沙里宁的有机疏散理论(1943)针对城市过度集中带来的诸多问题而提出,通过"日常活动"和"偶然活动"的划分与场所布置实现城市功能的疏散,这种思想对现今大都市多中心空间的功能部署仍然有重要借鉴意义。20世纪20~50年代,芝加哥生态学派围绕芝加哥的城市空间结构演化进行了深入研究和总结,在此基础上提出了城市土地利用的同心圆模式、扇形模式和多核心模式。芝加哥生态学派的研究反映了城市功能的空间分异状况,三种模式的变化也体现了美国等发达国家城市空间结构的演变特征。另外，克里斯泰勒的中心地理论对城市中心地的空间组合形态进行了理论解读，约翰·弗里德曼构建了核心－边缘模式以及空间极化和扩散的理论体系，也给大都市区域研究提供了重要依据，成为分析城市空间格局的基本工具。

近年来，国内学者从微观到宏观对城市空间结构进行了深入的研究，为城市空间发展和建设提供了丰富的理论积累。在城市空间发展的动力机制方面，近期有大量研究关注了城市轨道系统、城市公共交通、重大事件等因素的影响，提出了城市空间结构演变中居住空间与商业空间发展不匹配等问题，并针对相应问题指出了优化整改建议。从区域的角度，学者们对辽宁沿海城市群、欧亚大陆桥东端城市群、东北地区城市群、珠三角城市群等的发展演变和走向进行分析，运用地学信息图谱等方法尝试揭示城市群体空间结构演变规律，总结出城市的自然环境、经济、土地利用和城市交通等各种要素对城市空间结构的影响作用。从全国的层面，关于城市空间集聚、极化、中心城市影响力和城市空间转型的研究也比较丰富，研究表明东部大城市的区域影响力逐渐由沿海向内陆渗透，不同省级区域间的城市空间联系水平和对外服务功能存在巨大差异，呼吁城市规划在环境保护、社会公共和生活服务等方面的政策化转型和价值回归。

（三）关于城市中心与多中心成长机制的研究

无论是在杜能根据土地租金和农业收益曲线所构建的区位论中，还是在伯吉斯（E. W. Burgess，1923）根据社会人口流动规律总结的城市同心圆模型中，城市空间都表现为标准的单中心格局，这种格局也是城市发展初期阶段和理想化状态下的典型特征，中心的成长得益于自然条件优越、运费低廉和集聚经济等的作用。之后，霍伊特（H·Hoyt，1939）指出城市中存在着放射状、扇形分布的城市租金等级和居住格局，而各扇区共同构成的中心即为城市的 CBD 中心。阿隆索（W·Alonso，1964）通过竞标地租理论分析，指出可达性强和运费下降使得城市中心比其他区域的收益更高，不同类型的土地利用通过竞租而分布于中心外围的不同圈层上。经济学者认为厂商与个人对集聚经济和规模经济的追逐，是形成城市中心的主要原因，在内生经济增长理论中，人力资本、技术进步、知识溢出等因素构成了中心增长的内生动力，使得中心能够获得持续的增长。

在城镇体系结构研究中，克里斯塔勒（Christaller）和廖什（Losch）根据市场区分析提出的中心地理论将城市空间结构的研究更加细化，关注到区域发展空间中的中心地等级及其规模分布关系。奥尔巴赫（Auerbach，1913）和齐普夫（Zipf，1949）将齐普夫定律引入城市体系与规模的研究，使得学者们能够更准确地刻画城市规模分布规律，更清晰地描绘区域城市体系的轮廓。新经济地理学者更将自然地理优势和地形多样性用于城市规模分布规律的解释上。城市内生形成理论与自组织理论认为，拥挤成本是大城市人口增长变缓的主要原因。也即，人口聚集过多将会导致城市的拥挤成本上升，拥挤成本作为集聚力的反向力量会导致城市规模分布的变化。

在现代都市中，多元化和创新是多中心成长的源动力，原有主城中心的集聚不经济也是副中心成长的重要组织机理。随着城市空间的不断发展与复杂化，原有的理想化假设与城市发展实际的差异越来越大，在城市中亚中心的成长非常普遍。通过厂商和个人决策行为与土地经济规律，经济学者们分析了城市中心性的变化，以及城市亚中心的成长机理，认为城市亚中心的形成动因来自于几个方面：城市主中心集聚不经济和地价上涨的推因；大企业区位选择的带动；个人寻找地租低廉居住空间的抉择；企业与个人对集聚经济的追逐。另一方面，某些因素阻碍了城市亚中心的成长，例如，对中心城市的倾斜性投资政策阻碍了大城市向多中心城市的转变。

在全球多中心城市区域逐渐发育增多的同时，关于多中心城市区域的研究和实践也日渐丰富，多中心城市区域也备受一些政府机构的关注。"欧洲区域发展战略"（ESDP，European spatial development perspective）确立了欧洲区域多中心发展的政策模式，从而推动欧洲多中心城市体系的发展，除欧洲五角形顶点城市巴黎、米兰、伯明翰、汉堡和阿姆斯特丹之外，关注其他等级城市的实力提升，从而促进整个区域的总体竞争能力和区域均衡与可持续发展。欧洲政府层面对多中心城市区域积极关注，并以此促进了学术界对多中心城市区域的深入研究，同时还直接资助了 POLYNET 和 ESPON 两个重要项目的研究。

20 世纪 90 年代以来，关于多中心城市区域的主要集中在几个方面：（1）多中心城市区域的界定和特征。通过对西欧大都市区域的研究，POLYNET 项目组重新厘定了巨型城市区和多中心大都市的概念，并指出位于欧洲西北部的 8 个巨型城市区在人口和就业分布式普遍呈现出分散化的趋势和"半多中心"特征。（2）关于多中心城市区域的测度。学者们关注多中心城市区域的地理范围、多中心性和互补性的测度，具体方法包括：运用"地理临近"和"功能性互动"来划分多中心城市区域的范围；运用人口分布和通勤来判断多中心性；运用代表性部门的企业数据来衡量多中心空间融合和互补性特征等。（3）多中心城市区域的协调与政策调控。由于多中心之间的空间融合、互补性等特征会促进整个区域的发展，政府之间有必要通过协调来促进这些特征的强化，而协调的具体策略也是近期研究的热点。

（四）小结

一方面，城市自组织涨落中人口的过度、无序聚集是"城市病"的关键性根源，因此，进行城市人口和产业空间的疏散是缓解大都市"城市病"的核心议题。另一方面，城市系统的复杂性使得许多城市病交织在一起，例如交通拥挤的必然后果是空气质量的恶化，这增加了根治"城市病"的难度，由此，正确的治理"城市病"方法也必须是系统性的。"城市病"的产生和发展涉及城市中的经济、社会、生态、制度等各个方面，并且相互牵连、互为因果、联动发展，因此解决"城市病"不能只注重其中某个方面，而需要系统地、综合地部署。在超大城市周边建设新城并多中心空间系统是一种综合途径，可以通过空间部署来综合调配资源、设施和政策等城市发展要素，改善原有人口、资源过分聚集的空间失衡状况，从而达到缓解城市病的目的。

多中心化是世界城市区域发展的自然趋势，世界上的主要大都市区域正在经历着新的发展历程，都市空间格局正由单中心和简单格局走向多中心和复杂多样的格局。在经济活动选址中，传统的时间距离因素仍然起作用，但已不是最关键性的约束因素。经济、信息与人口等除了在都市区域核心聚集之外，总部经济、会展、金融和文化创意产业等高端经济活动开始在大都市区域内形成新的聚集点，从而构成都市核心外围的各级各类中心。

二、国内外新城与多中心建设的经验总结

（一）发展历程

缓解城市问题和疏解中心区人口，是建设新城、卫星城的最主要原因。新城建设的思想和实践起源于 19 世纪末期，由于产业革命带来的工业大发展，人口和产业更加向城市地区集聚，城市中心区迫于人口、经济压力，以及空间结构调整的需要，客观上要求向外疏散。当时建立新城的主要目的是为了控制大城市人口过分膨胀，疏散大城市的部分工业和人口，解决城市所面临的拥挤、污染和人口过多的问题。

1898 年，英国埃比尼泽·霍华德（E. Howard）（1850～1928）在 1898 年率先提出了在城市附近建立新城的思想，他于 1902 年出版的《明日的田园城市（Garden City of Tomorrow）》一书明确提出了"田园城市（Garden City）"理论。霍华德建议将现有的城市人口分散到郊区形成小规模的新城，新城与旧城之间以绿带隔离，以通勤线路连接，用城乡共同作用的模式来解决当时城市的环境污染、交通拥堵、人口拥挤等问题。随着城市的不断发展，内城疏散和城市空间扩展越来越成为城市可持续发展的必然，也有更多的人对城市的疏散模式投入关注和研究。1915 年，罗迈·泰勒提出，应在大城市周边建立类似宇宙中卫星般的小城市，并正式使用"卫星城（Satellite City）"概念。芬兰裔美籍建筑师、规划师沙里宁（Elieel Saarinen）从 1918 年开始提出有机疏散（Organic Decentration）理论，并将之付诸大赫尔辛基规划的实践中，并在 1943 年出版的《城市：他的法制、衰败和未来》一书中详尽阐述他的理论，他认为城市是有机的集合体，拥有和生命有机体一样的内部秩序，应该对城市日常活动进行功能性集中，对这些集中点进行有机分散，从而达到对密集城市的有机疏散，而分散的集中点也就是我们所指的新城。

1924 年，在阿姆斯特丹的国际会议上，通过了"防止超级城市的出现，应当建立卫星城市"的决议。此后各发达国家国积极响应，1935 年莫斯科的总体规划中就提出了"环形绿带＋卫星城"的城市布局，以疏散和平衡城市发展；

1946 年英国制定了《新城市法》，规定在中心城市周围建立中小城镇。此后，英国、美国等西方发达国家逐渐在大都市郊区建立起一系列新城，我国的北京、上海也于 1958 年开始规划和建设郊区新城。

从世界新城发展的历史来看，其发展和演变经历了由传统到现代、由功能单一到功能综合的过程。早在 20 世纪 40 年代，伦敦、巴黎等大都市为了解决中心区人口过多的问题、改善城市的住房、交通状况，开始在中心都市外围建设新城。当时的新城主要发展居住功能，居民除居住之外的其他行为基本都在主城，也称"卧城"，后来被称为第一代新城。20 世纪 70 年代开始建设的第二代新城逐渐发展了相对平衡的工业和公共设施，新城的居民可以在新城内部居住和工作。1975 年时，巴黎的 5 个新城都已经基本接近或超过 10 万居民，新城和巴黎之间的平均距离约 30 千米，并有铁路或快速公路相联结，规划中开始把寻求就业、住宅和人口的平衡作为新城建设的一项主要目标。第三代新城，功能更加完善，且有自身的功能中心，新城居民基本上可以独立于主城而生活。现代化快速发展的新城则建立在轻轨、地铁等快速交通系统的基础上，与主城区和其他新城有着便捷的交通联系，丰富的经济、社会联系，拥有相对完善的城市功能，能够满足居民的生产、生活等各种需求。20 世纪 90 年代的美国人口中，每年大约有 600 万人从市中心迁向郊区，而郊区迁向市中心的人口每年约为 300 万人，大量的人口迁向郊区并不是为了工作需要，而是追求郊区的生活方式：可以拥有独立的庭院；免费而充足的停车场地；高质量的教育设施；连接工作、购物、休闲的便利交通。

（二）内在动力

1. 集聚不经济与集聚经济。首先，集聚不经济是主城中心人口和经济活动外迁的主要动力。由于地价上涨、拥挤、交通拥堵等原因，企业在主城中心布局的成本上升，效益下滑，一些受此影响较大的经济活动逐渐迁出，人口也因房价高涨、拥堵、污染等原因开始迁向郊区。其次，人口和经济活动虽然有外迁和疏散的动力，但仍有实现集聚经济的要求，郊区小城镇或者一些交通条件好的空间成为其迁出中心区后再次聚集的中心，从而推动副中心的发育和城市多中心格局的发展。

2. 后工业化的影响（生产方式的变化）。后工业化时代的信息技术广泛渗透到人们的生活与工作中，也让更多的人可以采取灵活的工作方式，甚至推动了居家办公的发展。2012 年下半年中小企业互联网应用状况调查显示，① 截至 2012 年 12 月 31 日，受访中小企业中过去一年使用计算机办公的比例为 91.3%，49.9% 的中小企业建立了独立的企业网站或者在电子商务平台上建立了网店，有 42.3% 的企业使用网络招聘，53.3% 的企业提供网上的客户服务。另外，随着电子政务的推广与发展，政府与企业的网络互动也更加频繁，截至 2012 年 12 月底，35.4% 的中小企业与政府机构进行过网络互动，曾到政府网站获取表格、在线填写表格、进行在线支付以及通过互联网向政府机构采购或出售等。企业的网络办公和政府的电子政务发展，大大降低了企业之间和政企之间的沟通速度与成本，也让某些沟通不必依赖地面交通和对面交流，一定程度上缩小了城市中心区和政府机构密集区对中小企业向的聚集引力，给大都市区产业疏散带来契机。

3. 生活方式的转变。信息技术的发展使得很多日常活动不再那么依赖周边设施，网络购物的便利、成本节约、搜寻比价等优势充分展现，网购在近年来得到迅速发展。如今，QQ、微信等即时通信软件又增加了购物、支付等快捷功能，网络购物也朝着多元化多渠道发展。中国互联网信息中心的统计数字显示，② 截至 2013 年 12 月，中国网民规模达 6.18 亿人，互联网普及率为 45.8%，手机网民规模达 5 亿人，网络购物用户规模达 3.02 亿人，使用率达到网民规模的 48.9%。

随着闲暇时间的增加，以及居民生活水平提高后对娱乐、休闲、健康等服务需求的增加，人们对配套设施完善的高档开发社区更加青睐，显然，地价较低和风景较好的某些城市外围空间适合这种社区形式的开发，也符合中产阶层和富有者的择居需求。

伴随大都市区规模的扩大，城市内部的平均通勤距离和时间都有所增加，也有更多人倾向于居住和工作的就近实现，尤其是妇女和年长者更希望能够就近就

---

① 中国互联网络信息中心：《2012 年下半年中国中小企业互联网应用状况调查报告》，http://www.cnnic.net.cn/hlwfzyj/hlwxzbg/hlwqybg/201302/P020130220418749896782.pdf，访问日期为 2014 年 7 月 14 日。

② 中国互联网络信息中心：《第 33 次中国互联网络发展状况统计报告》，http://www.cnnic.net.cn/hlwfzyj/hlwxzbg/hlwtjbg/201403/P020140305346585959798.pdf，访问日期为 2014 年 7 月 14 日。

业。随着老龄化社会的到来，高龄就业者更期望缩短职住距离。但是，在地价较为低廉的中国郊区，常常先吸引大量居住社区的建设，而往往难以在附近提供充分的就业岗位，或者需要经历相当长的时间才实现居住和就业的相对平衡。随着郊区居住人口的大量增加，劳动力供应充分、市场也渐渐扩大，从而推进郊区商贸服务业等的发展。

（三）外部推力

都市区扩展过程中，人口、产业因地价、集聚不经济等原因向城市核心之外迁移，这种城市自组织力量是新城和多中心建设的核心动力，但除此之外，交通发展、政府政策等外在推动力量也起到了关键性的作用，甚至在某些时间节点成为主要动力，推动新城和多中心空间的快速建设。

1. 交通、信息。西欧、北美的多中心城市区域发展大都高度依赖于便捷的快速公路交通系统，而日本东京大都市区和中国的城市群的发展更依赖高效的公共交通体系，即便各有侧重，但事实上，发达的公路交通和公共交通体系对城市区域扩展和多中心区域发展都至关重要。1919 年，东京的山手环线贯通，之后新宿、涉谷和池袋等外围中心快速成长。如今，中国北京、上海等大都市的轨道交通线路不断向主城区以外延伸，快速、大运量的交通体系缩短了中心与外围的交通时间，也大幅加速了外围城区的人口、产业聚集。

2. 政策。第二次世界大战后，东京都市圈的第一次规划即开始筹划卫星城的建设，规划了新宿、涉谷和池袋三个副中心，并在副中心和主城之间规划了一宽阔的绿化区域作为隔离。第二次规划继续完善卫星城体系，并以近郊整备带取代绿化带的设计，之后的第三、第四次规划均重视对单一中心格局的纠正，促进周边地区和大都市外围的发展。在 2000 年的《首都圈规划构想》（Tokyo Megalopolis Concept）中，正式提出了建设"多中心城市"的战略，结合环首都交通网，规划了除首都中心区之外的东、西、南、北四个首都核心区。事实上，无论是国外的伦敦、巴黎等大都市，还是国内的上海、北京等城市，外围新城的建设都离不开政府的规划、政策和制度支持。

3. 设施。新城建设与设施完善是一个互动的过程，开发的模式则决定着这种互动是良性还是不良，不完善的设施制约新城的发展，完善的设施则增添新城的活力。20 世纪 50 年代以后，随着郊区化和新城建设的步伐发展，以公共交通为导向的发展模式（Transit-oriented Development，简称 TOD 模式）也逐渐被广泛采用，这一模式以公共交通站点和交通网络为依托，协调居住、商业、办公、服务等功能的综合发展，显著提高了土地开发的质量与居民生活的便捷度，且为交通问题、配套问题等的解决提供了一条比较有效的路径。

在市场开发主体方面，开发商为了吸引购房者和土地增值而大量尝试综合社区规划，在居住空间开发的同时促进其周边商业、教育、医疗等设施的建设，通过与政府携手、与教育医疗机构签约的方式给新建城市空间带来相关资源，这也逐渐成为促进新城设施完善的重要力量。

三、多中心城市区域的历史辩证观

（一）多中心城市区域的类别及其历史阶段性

钱皮恩根据产生来源将多中心城市区域分为三种发展模式：离心模式、组合模式和融合模式。如图 4-1 所示，离心模式（the Centrifugal Mode）的产生来源于单核心大都市，在其发展过程中逐渐出现 CBD 地价高涨问题，以及远距离通勤进入市区并引致交通困境等问题，一些生产和商业活动不得不选择离开中心，从而促进副中心的成长扩张。纳入模式（the Incorporation Mode）的多中心区域发展，主要是一个大都市区逐渐蔓延至小城镇，并将小城镇合并进来的过程。和离心模式的次要中心相比，纳入模式中小城镇所形成的次要中心可能对某些非居住型活动构成更有力的吸引，从而对主中心形成更强的挑战。融合模式（the Fusion Mode）则发源于原有规模类似的几个独立中心，由于它们各自的独立成长、空间扩展和交通联系的日益紧密而逐渐发育成多中心城市区域。

钱皮恩的研究给多中心城市区域研究提供了类别分析的框架，让对多中心城市区域的关注点能因各自发展缘起的不同而有所侧重，并帮助我们解释不同多中心城市区域的发展，例如荷兰的拉斯塔德被认为是经典的融合发展模式。即便如此，在探讨一个区域属于哪种类型的多中心演变模式时，需要以特定尺度为框

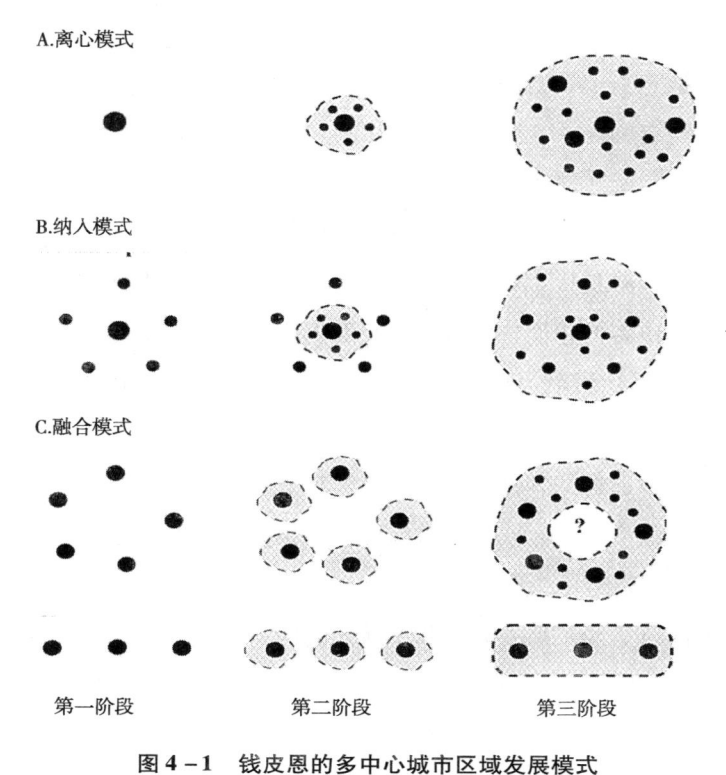

A.离心模式

B.纳入模式

C.融合模式

第一阶段 第二阶段 第三阶段

图4-1 钱皮恩的多中心城市区域发展模式

资料来源：林雄斌、马学广、李贵才，《快速城市化下城中村非正规性的形成机制与治理》，载于《经济地理》2014年第6期。

架，脱离了尺度的探讨必然是片面的。如果以北京市域为尺度来衡量的话，符合离心模式的发展过程，以主城为中心蔓延开来，并在郊区逐渐发育起来一些新城作为次要中心；而拓展空间尺度到北京周边的河北部分区域的话，这一区域的多中心化又符合纳入模式的发展演化特征，廊坊市区、固安县城、三河县城等小中心逐渐被北京辐射，并朝着融合、一体的方向发展；对于更广阔尺度的京津冀或环渤海区域来说，部分符合融合模式的发展特点，只是北京、天津的主导作用过于突出，不能称为标准的融合模式，珠三角的多中心发展更符合这一模式。如此可见，在一个大型多中心城市区域的演化模式（如珠三角的融合模式）下，可能包含了若干中观、微观层次的其他多中心演化模式。

（二）多中心与一体化的辩证关系——尺度与深度的演替

荷兰的兰斯塔德地区一直被看作典型的多中心城市区域，从多中心发展的起源和现状来看，兰斯塔德地区的多中心特征十分突出，但巴特·兰布雷德却指出其"分散化阻碍了社会和经济的一体化"，而兰斯塔德的两个管理主体（中央政府和兰斯塔德地区组织）也在一体化还是多中心化，加强多样性还是加强联系之间产生分歧。这种多中心化与一体化之间的困惑在任何多中心区域的发展过程中都会呈现，而对两者关系的把握则决定着区域政策的决策原则与方向，从而决定着多中心城市区域的发展前景。

事实上，多中心与一体化之间存在着辩证统一的关系，二者是一个城市区域的矛盾统一体。以京津冀区域为例，促进京津扩散效应的发挥，推动除京津之外区域的发展，能够提升整个区域的一体化，也能同时培育河北省的其他中心城市发展，实质上同时实现了多中心化和一体化的向前发展。

但需要认识到的是，在同一城市区域中，多中心和一体化之间存在尺度和深度的差异（见图4-2）。在上述京津冀区域的多中心化和一体化过程中，若只是通过人口、产业扩散，带动周边小城镇发展，而忽略了城镇之间联系与协作的重要性，则这种一体化只是宏观层面的、尺度大于多中心、深度低于多中心的一体化。这种一体化往往注重区域之间经济、产业、人口等的平衡，不同中心在自身内部形成循环，各自构成集聚中心和竞争主体。如果非常关注区域内部多中心之间的协作，区域形成一个整体的集聚中心、竞争中心和协作网络，则其一体化是

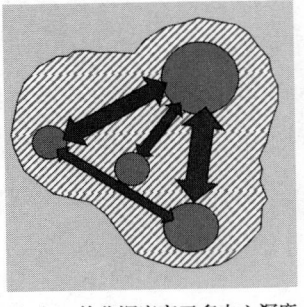 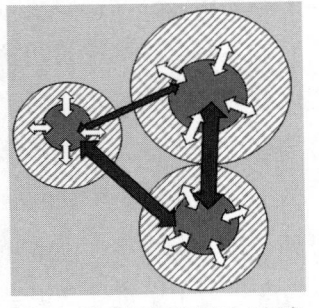

（1）一体化深度高于多中心深度　　（2）一体化深度低于多中心深度　　（3）一体化深度同于多中心深度

图4-2　多中心与一体化程度不同的城市区域结构对比图

与多中心同一尺度、同一深度的。当然，在某些区域，协作和联系十分紧密，而中心城市相对集中，多中心发育不足，则是一体化深度高于多中心深度的状况。

在区域的发展中，过于强调多中心化而忽视一体联系，则难以提高整体区域的竞争力，形成散漫的、优势不突出的城市区域；过于强调一体化而忽视多中心发展，则会面临中心联系过密导致的交通拥堵和人口拥挤等一系列大城市病。因此，需要把握好一体化与多中心化之间的辩证关系，使二者在相对恰当的尺度和深度中实现。例如，中国京津冀区域的一体化和多中心化程度都较弱，在未来发展中二者都需加强，重要的是政府需谨慎出台战略，把握好两者的关系，不可顾此失彼。一方面，要促进区域内新城和小城镇的发展，通过发展综合性新城、完善新城内部基础设施、商服设施和公共服务，避免新城和小城镇对京津主城的过度依赖，提升其集聚能力、竞争能力以及自主性；另一方面，还需适当加强各城镇之间的经济、社会联系，促进城镇之间的协作超深度和广度扩展，通过区域社会经济一体化形成整合的竞争能力来参与国际竞争。

第五章

中国大都市人口多中心格局的
发展动力与态势

通过上文的研究表明，人口格局对大都市的交通、住房、环境等有重要影响，且与产业、商服等的空间发展息息相关，成为影响"城市病"发展、演变的重要力量。中国大都市的空间格局在发展进程、历史影响和内、外部动力等方面都有其独特性，因此，本章重点通过数据统计的方法分析中国大都市（尤其是超大城市）的人口发展态势，探索其多中心格局演变的内、外部动力因素。

城市规模是划分城市类型的最常用标准，一般把城市人口规模在 100 万 ~ 400 万的城市称作"特大城市"（Megacity，Megalopolis），人口规模在 400 万以上的城市称作"超大城市"（megacity behemoth）。① 《中国城市统计年鉴 2013》数据显示，2012 年年底市辖区人口超过 400 万的城市如表 5 – 1，这些超大城市不仅集聚了大量的人口、经济、信息和资源，也逐渐成为城市病集中呈现的区域，因此有必要更准确地把握其人口发展态势和人口空间格局，从而探索更有效、更精准的城市病治理路径。

表 5 – 1 　　　　　　　**2012 年年底市辖区人口超过 400 万的城市** 　　　　　单位：万人

城市	市辖区人口
上海市	1 358.4
北京市	1 226.5
重庆市	1 779.1

---

① 　也有文献将人口规模 200 万以上的城市划分为超大城市。

续表

城市	市辖区人口
天津市	812.5
广州市	678
郑州市	587.2
西安市	572.8
成都市	554.2
南京市	553.3
汕头市	525.4
沈阳市	522.1
武汉市	513
哈尔滨市	471.4
杭州市	445.4

一、中国超大城市人口发展态势

（一）人口规模持续增长

从历次人口普查数据来看，我国超大城市常住人口规模持续增长，尤其是1990年以后增长更加迅速。如表5－2所示，北京市的常住人口在1982年第三次人口普查为923.1万人，1990年第四次人口普查为1 081.9万人，2000年第五次人口普查为1 356.9万人，2010年北京市第六次人口普查为1 961.2万人，2000～2010年增长了604万人。上海市的常住人口也从1953年的620.4万人，增加到2010年的2 301.9万人，其中2000～2010年常住人口增长了661万人，年均增长率为3.44%。

表5－2　　　　　　　　　历次人口普查常住人口变化情况　　　　　　　单位：万人

城市	一普 （1953年）	二普 （1964年）	三普 （1982年）	四普 （1990年）	五普 （2000年）	六普 （2010年）
北京市	277	760	923	1 082	1 357	1 961
上海市	620	1 082	1 186	1 334	1 641	2 302
广州市				629	994	1 270

	一普 （1953 年）	二普 （1964 年）	三普 （1982 年）	四普 （1990 年）	五普 （2000 年）	六普 （2010 年）
南京市					624	800
天津市	269	625	776	879	1 001	1 294

资料来源：《北京统计年鉴 2011》、《上海统计年鉴 2011》。

统计年鉴数据也显示，自新中国成立以来超大城市的人口处于持续增长的状态，且增长速度和状态呈现阶段性变化。以北京市为例，其人口增长主要经历了以下几个主要阶段：

1. 1949～1960 年，快速增长阶段。

新中国成立初期，由于社会环境和人民生活的改善，北京市人口得到持续较快地增长，总人口从 1949 年的 420.1 万人增长到 1960 年的 739.6 万人，[①] 平均每年增长 29.05 万人，年均增长率 5.3%。同时，北京市人口占全国的比重在这一阶段也得到显著提升，从 1949 年的 0.78% 增加到 1960 年的 1.12%。[②]

这一阶段北京的人口增长主要体现为常住人口、户籍人口的增长，至 1960 年北京市的常住人口为 732.1 万人，占总人口的 99%。受到人口生育政策的影响，新中国成立初期北京市的人口自然增长率较高，机械增长率较低，人口增长主要来自于自然增长。

表 5－3　　　　　　　　1949～1960 年北京市总人口及其变化

年　份	总人口（万人）	占全国比重（%）	人口增长率（%）
1949	420.1	0.78	
1950	439.3	0.8	4.57
1951	463.6	0.82	5.53
1952	489.9	0.85	5.67
1953	512.9	0.87	4.69
1954	555.7	0.92	8.34
1955	563.8	0.92	1.46

① 《北京区域统计年鉴 2011》。
② 中国统计局：《北京六十年》。

续表

年　份	总人口（万人）	占全国比重（%）	人口增长率（%）
1956	617.5	0.98	9.52
1957	633.4	0.98	2.57
1958	658.8	1	4.01
1959	706.9	1.05	7.30
1960	739.6	1.12	4.63

2. 1960～1978 年，波动增长阶段。

1960 年开始的自然灾害影响了人口的自然增长速度，加之下乡运动的开展、"文化大革命"动乱等因素，北京市的人口增长进入了剧烈波动阶段，人口增长率在 3.51%～1.9% 波动。直至 1971 年大批人员回城，北京市才开始进入人口缓步回升期，人口增长率保持在 0～2%。

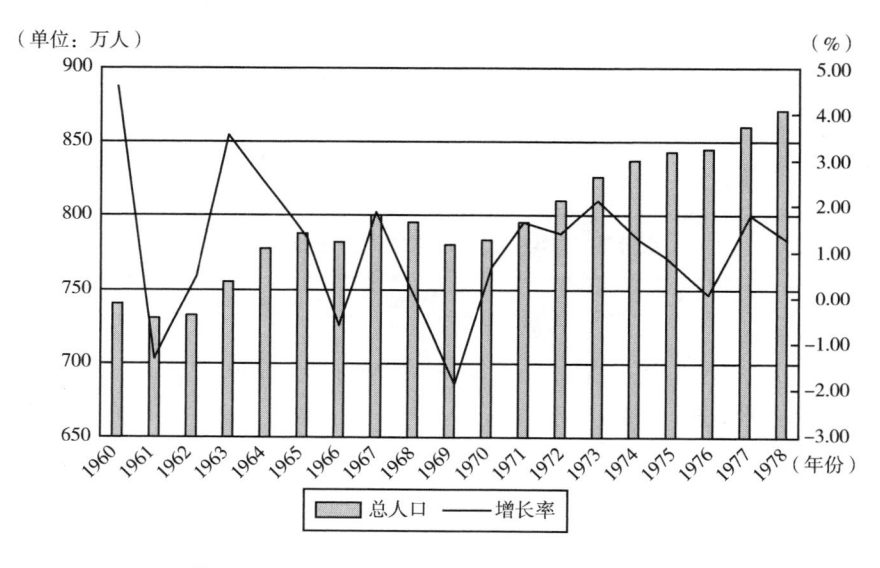

图 5－1　1960～1978 年北京市总人口增长曲线

3. 1978～1990 年，平稳增长阶段。改革开放以后，北京市的人口开始平稳快速地增长，经济繁荣和各项社会事业的发展更促进了北京市人口的集聚，全市常住人口从 1978 年的 871.5 万人增加到 1990 年的 1 086 万人，增加了 24.61%，常住人口自然增长率维持在 10‰左右的较高水平；户籍人口从 849.7 万人增加到

1 032 万人，增加了 21.45%。

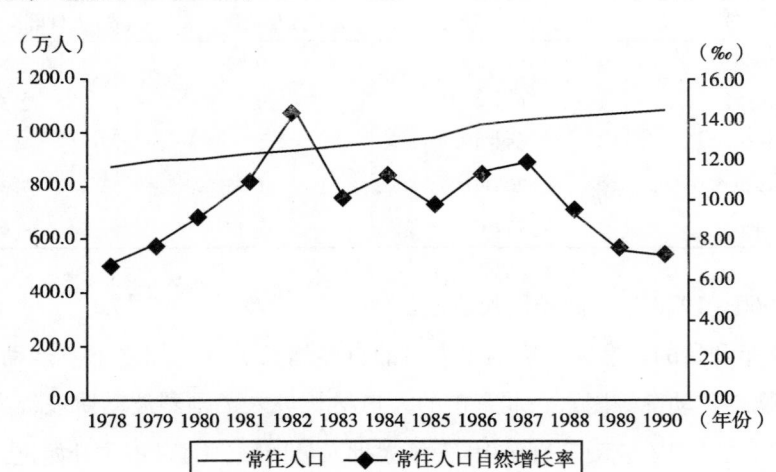

图 5 - 2　1978~1990 年北京市人口及其增长率变化

根据《北京六十年》的相关数据进行统计（见表 5 - 4），这一阶段的常住人口增长以其自然增长为主，如表所示，1978~1990 年常住人口自然增长 124.6 万人，机械增长累计 97.9 万人。

表 5 - 4　　　　　　北京市 1978~1990 年常住人口增长统计表　　　　　　单位：万人

年　份	自然增长	机械增长
1978	5. 93	19. 67
1979	6. 95	0. 25
1980	8. 37	6. 53
1981	10. 03	5. 77
1982	13. 43	1. 57
1983	9. 63	5. 37
1984	10. 82	5. 18
1985	9. 52	37. 48
1986	11. 67	7. 33
1987	12. 45	1. 55
1988	9. 92	4. 08
1989	8. 05	2. 95
1990	7. 85	0. 15
累计	124. 62	97. 88

4. 1990 至今，持续快速增长期。如图 5-3，1990 年后，北京市人口计划生育的政策效果已开始显著体现，常住人口的自然增长率大幅下降，由 1990 年的 7.23‰，跌到 1991 年的 2.21‰，在此之后一直维持在较低的水平上，在 2003 年甚至出现了人口的负增长（-0.09‰）。近年来，又出现了常住人口自然增长率的持续反弹，2007 年上升至 3.4‰，2008 年为 3.42‰，2009 年为 3.5‰。1990~2010 年，北京市的常住人口从 1 086 万人增加到 1961 万人，① 年均增长 43.76 万人。

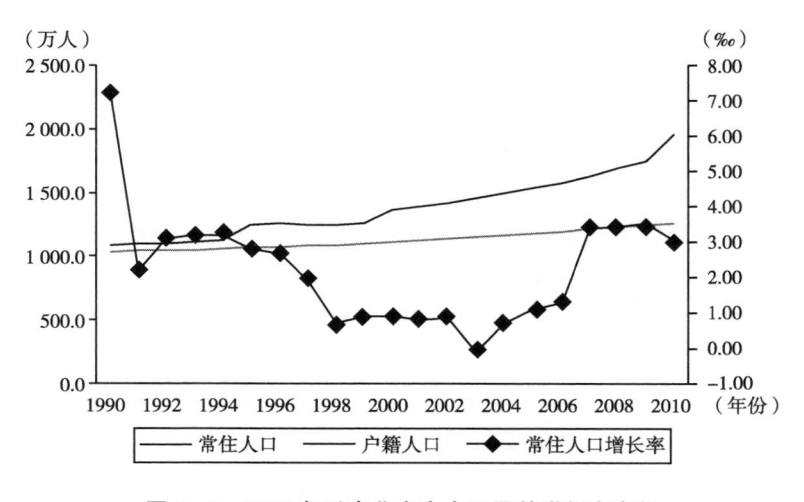

图 5-3 1990 年以来北京市人口及其增长率变化

资料来源：《北京统计年鉴 2011》。

（二）人口流动和迁入迁出速度加快

改革开放以来，受产业经济发展和空间集聚力的推动，我国人口流动速度不断增加，尤其是超大城市对人口的吸引力进一步强化，人口向超大城市集中的趋势更加显著。1978 年北京市常住外来人口 21.8 万人，占全市常住人口的 2.5%；1990 年全市常住外来人口 53.8 万人，占常住人口的 5%，之后外来人口迅速增长，到 2000 年常住外来人口达到 256.1 万人，占全市常住人口的 18.78%。北京市第六次人口普查数据显示，2010 年北京市外来人口 704.5 万人，占全市常住人口的 35.9%。

---

① 数据来自 2010 年北京市第六次人口普查资料。

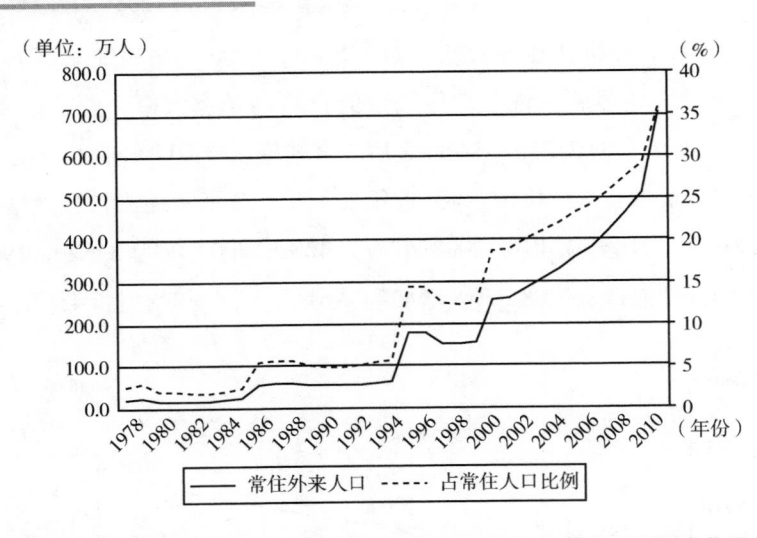

图5-4 1978年以来北京市常住外来人口及其占常住人口比例变化图

资料来源：《北京统计年鉴2011》。

北京市第六次人口普查数据显示，2010年全市户籍人口1 257.8万人，自然增长1.05万人，迁入18.51万人，迁出7.6万人，户籍人口的机械增长率（8.67‰）远远大于自然增长率（0.84‰）。改革开放以来，北京市户籍人口机械迁入迁出速度加快，且迁入人口持续大于迁出人口，尤其是1990年以后户籍人口机械增长速度稳步提升，2000年以来每年户籍人口机械增长都保持在10万人以上。

1995年以来，上海市的户籍人口自然增长率仅2012年（0.26‰）为正值，其他年份均呈现自然负增长；户籍人口的迁入率一直保持在8‰以上，2000~2010年每年户籍人口机械增长均超过9万人，2011~2013年户籍人口增长降至6万人~8万人/年。

（三）人口过度集聚

人口过度集聚是中国超大城市人口发展的重要特征之一，主要表现为主城区城市人口密度持续增长、都市区空间集中度较高。改革开放以后，我国大城市的人口进一步集中，中心市区的人口密度不断增长，尤其是北京、上海、广州等大城市的中心城区人口密度纷纷超过1万人/平方千米，人口最密集的城区人口密度可达2万~4万/平方千米。六普数据显示：2010年上海市虹口区人口密度最高（3.63万/

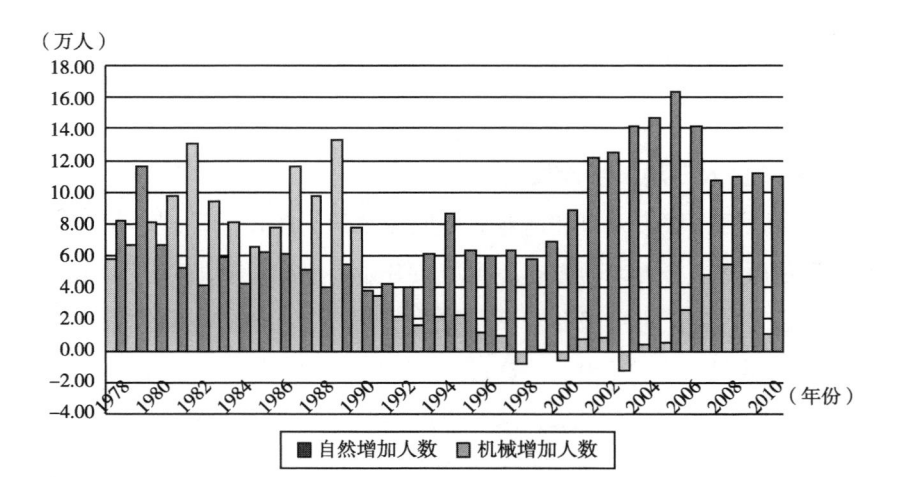

图 5 - 5　北京市户籍人口自然增长和机械增减图

资料来源：根据《北京六十年》《北京统计年鉴 2011》数据整理。

平方千米），黄浦区次之（3.46 万人/平方千米）；北京市的核心功能区常住人口密度达到 2.34 万人/平方千米，其中西城区为 2.46 万人/平方千米；广州越秀区人口密度达到 3.42 万人/平方千米。① 北京市《西城区 2011 年统计年鉴》显示，西城区 2010 年年底总人口达到 162.15 万人，总人口密度 3.2 万人/平方千米，其中人口最稠密的椿树街道和牛街街道总人口密度均超过 6.5 万人/平方千米。

表 5 - 5　　　　　　　　主要城市全市人口密度变化情况　　　　　　单位：人/平方千米

	1953 年	1964 年	1982 年	1990 年	2000 年	2010 年	1990～2010 年增长（%）
北京市	169	463	563	659	827	1 195	81.27
上海市	979	1 706	1 870	2 104	2 588	3 631	72.53
广州市	383	522	699	847	1 337	1 708	101.60

如表 9 所示，新中国成立以来，北京、上海、广州等城市人口密度都呈现快速增长，且 1990 年之后增长更加迅速。1990～2010 年，北京市的人口密度增长了 81.27%，上海市的人口密度增长了 72.53%，广州市的人口密度增长 101.6%。人口密度的增长必然伴随土地的高强度开发，以及交通拥堵、住房紧

①　资料来源：上海、北京、广州市的第六次人口普查数据公报。

张和环境污染难以扩散的问题，这种现象在人口密度达到 2 万人/平方千米以上的城市中心区更为显著。

（四）核心区人口增长步伐放缓

工业革命之后，城市人口和产业集中所带来的问题逐渐呈现并加剧，许多城市为解决问题而持续努力，西方有不少城市开始走上建设新城以疏散主城区的人口和产业的道路，尝试用主城和若干新城构成的多中心城市空间体系来缓解所面对的难题。21 世纪以来，多中心城市体系在北美、欧洲、东亚的一些世界性城市区域逐渐发展发展、成熟起来，同时也成为城市政府和相关学者所关注的重要领域。如今，北京、上海等城市也正在实施中心区人口疏散政策，通过产业疏散、新区建设等模式积极推进外围空间的发展。从"五普"和"六普"的人口数据对比来看，中国一些超大城市核心区的人口增长速度有所放缓甚至出现负增长。

北京市首都功能核心区的常住人口从 2000 年的 211.5 万人增加到了 216.2 万人，10 年间增长了 4.7 万人，增长率仅为 2.22%。与此同时，北京的城市功能拓展区的常住人口在 10 年间增长了 316.6 万人，增长率为 49.6%。由此可见，首都功能核心区的常住人口虽然仍在增加，但增加的速度已经非常缓慢，在未来一段时间内有望实现零增长甚至负增长，北京市的城市人口将逐渐向城市功能拓展区和外围空间聚集。在《北京市国民经济和社会发展第十二个五年规划纲要》中提出，按照城市总体规划确定的空间发展格局，强化规划和政策引导，积极促进人口按功能区域合理分布，着力缓解中心城人口过度集聚带来的运行管理和资源环境压力。近几年，在"京津冀一体化"发展框架下，北京市进一步积极探索人口和产业疏散路径，通过限制某些产业发展、推进部分产业疏散的方式推进中心区人口和产业格局的转变。[①]

上海市早在 1950 年代就开始了产业向外疏散的工作，于 2000 年时又正式提出"一城九镇"的发展布局，2006 年又进一步提出"1966"布局规划，[②] 尝试

---

① 北京市人民政府办公厅：《北京市新增产业的禁止和限制目录 2014 年版》。

② 外环线以内，在现有的 1 050 万人口基础上，减少 50 万～100 万人；余下的 1 000 多万人口，建 9 个郊区新城，每个新城人口在 40 万人左右；建 60 个新市镇，每个新市镇人口 5 万人左右；再建设 600 个中心村，每个中心村 5 000 人。

通过产业疏散、新城和外围发展促进人口布局和城市空间发展的协调。1982～2008 年，上海市中心城区常住人口增长了 12.05%，其中核心区（黄浦、卢湾、静安、虹口）下降了 35.3%，边缘区（徐汇、长宁、普陀、闸北、杨浦）增长了 57.68%，郊区增长了 82.03%；中心城区的人口密度从 43 000 人/平方千米下降到 22 500 人/平方千米，郊区的人口密度则从不足 1 000 人/平方千米上升至 2 041 人/平方千米。第六次人口普查资料显示，从 2000 年到 2010 年，上海市的黄浦区、卢湾区、长宁区、静安区和虹口区的人口均出现负增长，黄浦区的人口比 2000 年减少 25.2%（14.46 万人），卢湾区减少了 24.4%（8.01）万人，静安区减少了 19.2%（5.85 万人），长宁区和虹口区分别减少了 1.7% 和 1%。

广州市通过城市组团式发展、建设外围新城等方式促进人口和产业格局的优化，2010 年第六次人口普查时广州市越秀区的人口密度达到 3.4 万人/平方千米，但总体来看，广州市的人口空间格局逐渐趋于分散，近郊、新城的人口逐渐增长，中心区人口占全市的比重不断下降。周春山、边艳对广州市人口重心的研究表明，在新城建设和总体规划指引下，广州市人口重心整体上向东偏移趋势凸显，年均移动 68.87 米。

20 世纪中后期以来，北京、上海、广州等城市不断通过产业疏散和建设周边新城的模式缓解中心城区人口压力，尽管如此，中心城区人口压力依旧很大，而与此对应的郊区和新城的发展却面临诸多困境，通过新城疏解中心区人口的模式尽管可行却步履维艰，未来的发展更需要继续探索，找到适合中国特大城市特点的有效模式。

二、中国超大城市人口集聚与疏散的动力因素

（一）腹地辽阔，人口众多

西方一些超大城市在经历一定阶段的集聚之后开始向外围扩散，甚至呈现出内城衰落和空心化的景象，而中国超大都市却很少出现此类现象。以上分析数据也证明：自改革开放以来，北京、上海、广州等超大城市外来流动人口的比例不断增加，超大城市对于人口的集聚能力没有明显下降迹象，其中心区也未见人口

大量流失和衰退现象。与此同时，北京等城市户籍人口的机械增长率远远大于自然增长率，人口增长主要源于对外围人口的吸引，外围腹地（或称吸引区）和周边城镇的人口数量、人口特征对超大城市的人口发展影响很大。

城市腹地或吸引区范围的大小与城市等级、规模和类型密切相关，对于我国超大城市来说，主要吸引范围涉及中东部的大部分省区甚至全国，第六次人口普查数据显示：2010 年上海市常住人口中外来常住人口占 39%（897.7 万人），其中农民占 79.4%，来源地遍布我国大部分省区，安徽、江苏、河南、四川、江西、浙江的占比均超过 5%。

（二）地区收入差异长期存在

现阶段我国超大城市人口变动以机械变动为主，城市人口的增加主要来自于乡村人口和中小城市人口的迁入。这种人口迁移的主要动力来自于不同区位的收入差异（Moomaw R. L.，Shatter A. M，1996），收入差异则源于不同城市的基本条件和经济发展状况差异。刘易斯从城乡二元经济的角度进行分析指出，传统农业的边际生产力低下，而城市工业处于不断扩张中，因此大量农业人口向城市地区转移。另外，由于政府政策倾斜、资源禀赋差异、创新性积累差异、城乡二元结构和农产品价格机制缺陷等原因，我国城乡收入差异和地区间的收入差异长期存在，从经济地理的角度来看，这种地区收入差异将导致人力资源的地区间流动，收入差异越大、人力资源流动成本越低，人口流动则越频繁。

本书对 1978 年以来中国不同省份的职工平均工资数据进行汇总，统计分析显示历年来职工平均工资的省际方差、标准差都呈迅速扩大之势。为了避免职工工资普遍增长所带来的数据组之间的可比性缺陷，研究选取离散系数来进行历史对比。统计所得离散系数变化曲线如图 5-6 所示，1978 年以来职工平均工资的省际离散程度呈持续扩大趋势，直至 2002 年左右这种扩大趋势开始趋缓并转向缩小。

$$CV = \sigma / \mu$$

CV 为离散系数；σ 选取各职工平均工资省际标准差；μ 均值，选取全国职工平均工资。

人口流动和城市化对缩小城乡收入差距和省际收入差距有积极作用，劳动力

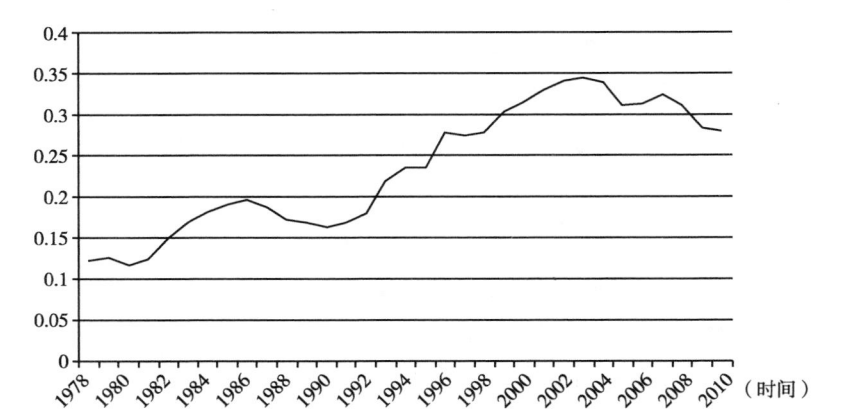

图 5 - 6 1978 年以来职工平均工资的省际离散系数变化曲线

资料来源：国家统计数据库，http：//219.235.129.58/welcome.do（国家统计局网站）。

的流动会通过要素报酬的均等化缩小城乡收入差距，但从现状来看，我国地区收入差异仍处于较高水平，这也决定着人口向大都市的聚集过程仍将继续。

（三）规模经济与集聚效益持续显现

克鲁格曼（1991）在"中心—边缘"理论中指出，集聚经济会使位于边缘的乡村人口逐渐向位于中心的城市集聚，最终达到一种相对平衡的状态。与发达国家的一些城市相比，我国大部分城市（尤其是超大城市）中心区的规模经济和集聚经济效益都能够持续显现，因集聚不经济而带来的人口迁出、内城衰败现象并不常见。超大城市中心的 CBD 和休闲、文化空间仍然拥有强大的吸引力，在整个城市空间中具有很强的集聚优势。王德、张晋庆等指出，上海市的商业空间虽然发育了多层次多级别的商业空间体系，但是其强中心性非常突出，城市中心区的购物出行量远高于边缘区，南京东路和四川北路两个市级商业区的交通小区吸引数量（118，89）和消费出行吸引总量（260，248）是其他次市级商业区或区级商业区 3~6 倍。国外的购物中心有 70% 开在郊区，它们一般建在城郊的高速公路旁，占地数十公顷，设有大量的停车场地，拥有自己的公园和环境优美的步行街，进入中国以后，购物中心的选址发生了很大的变化，大部分集中在市区繁华地带。中心区持续的积聚力量还来自于其悠久的历史积淀，以及依托历史文化街区而建设的集休闲、购物、商务和餐饮为一体的综合性城市空间。因为这些区域代表着城市的个性和特色,一直是城市政府重点建设的区域,也是市民喜爱和留恋的区域,因此人口密度一直居高不下。

北京市的东城区和西城区发展历史最悠久,其行政、商业和旅游、文化功能都十分突出,在整个城市中居于核心地位,两个城区面积仅占全市建设用地面积的2.74%,却容纳了北京市11%的常住人口和更大比例的经济、社会、行政活动。如表5-6所示:西城区和东城区的住宿餐饮业单位密度远远高于其他城区,是海淀区和朝阳区的3倍,是石景山和丰台区的9倍,是其他区县的几十倍;东城区和西城区的星级饭店密度也远大于其他城区,总量约占全市的25%,与朝阳、海淀区合占全市的58%。另外,东城和西城区拥有的医疗文化资源水平远高于其他城区,平均每千人口拥有执业医师数是其他城区的数倍,博物馆数占全市的41%,公证处办证总量占全市的56%。

表5-6　　　　　　　　　　北京市资源设施空间分布状况

	常住人口密度	建成区住宿餐饮业单位密度	建成区星级饭店密度	平均每千人口拥有执业医师	博物馆数	公证处总办证量	技术合同成交项数
	(人/平方千米)	(个/平方千米)	(个/平方千米)	(人)	(个)	(件)	(项)
东城区	21 960	9.99	1.98	9.24	36	101 943	1 479
西城区	24 605	9.40	1.94	8.00	28	228 610	3 893
朝阳区	7 790	3.01	0.46	3.59	19	132 348	5 167
丰台区	6 907	1.21	0.21	2.28	10	10 248	2 074
石景山区	7 306	1.03	0.16	3.54	3	11 790	352
海淀区	7 617	3.28	0.45	2.83	25	79 464	34 463
房山区	475	0.17	0.11	2.50	4	5 103	157
通州区	1 307	0.17	0.05	2.01	4	4 599	103
顺义区	860	0.26	0.06	2.40	1	2 416	122
昌平区	1 236	0.30	0.12	1.87	9	3 073	1 308
大兴区	1 317	0.20	0.04	2.16	3	4 023	1 517
门头沟区	200	0.42	0.18	3.59	3	1 124	32
怀柔区	176	0.51	0.34	3.10	3	1 986	76
平谷区	438	0.21	0.11	3.16	1	1 773	67

	常住人口密度	建成区住宿餐饮业单位密度	建成区星级饭店密度	平均每千人口拥有执业医师	博物馆数	公证处总办证量	技术合同成交项数
	（人/平方千米）	（个/平方千米）	（个/平方千米）	（人）	（个）	（件）	（项）
密云县	210	0.10	0.08	2.75	1	2 095	22
延庆县	159	0.23	0.11	2.58	6	140	15

资料来源：根据《北京区域统计年鉴2011》整理计算。

　　国际上，一些超大都市在中心区高度发育之后又进入了积极向外疏散的过程，纽约的中城区逐渐成长起来之后，很大程度上分担了曼哈顿下城的人口集聚；伦敦道克兰区的开发，也为主城区的空间保护和有效疏散作出重大贡献。而相对来说，中国的超大城市大都缺乏规模相当、能与中心区抗衡的副中心，大部分新城建设缓慢、特色不够突出、吸引力不足。从北京市的现状来看，海淀和朝阳分散了西城、东城的部分功能，海淀区的科技产业中心特征比较显著，朝阳区的商务中心和电子城也成长迅速，但与东城、西城区的发展空间临近，疏解作用有限。

（四）郊区生活品质并未大幅提高，延迟了核心区人口的有效疏散

　　"由于郊区的快速发展，全英国人大都有了极好的居住条件，几乎全民拥有基本的便利设施，每人拥有两间可居住的屋子，十分之九的家庭都居住在带花园的单一家庭房屋中。"西方发达国家人口密度较低，土地资源丰富，郊区开发以低密度为主，住宅形式以别墅为主，郊区的生活品质较高，因此郊区生活成为很多人追求和努力的方向。

　　我国北京、上海等超大城市人口规模持续增长，郊区土地的开发强度不断上升，在经历了1990~2000年的大规模低密度住宅开发之后，大部分郊区的住宅建设开始走向高密度发展，多层和高层住宅成为住宅建设的主要形式，少量的别墅等低密度住宅都价格高昂，一些人在郊区寻找低密度、安静、宽敞空间的期望难以实现。不仅如此，一些初建的郊区、外围空间常常呈现脏乱、无序、不安的景象，医疗、卫生、交通和商服等配套设施相对不完善，大量居民因子女就学问

题而空置郊区住房，选择在主城租房居住。很多郊区的就业岗位相对较少，在该处居住的市民不得不忙于向中心区进行频繁、耗时的通勤，如果没有地铁等快速交通的联系，这种通勤则每天需花费上班族 3～4 小时的时间。与一些发达国家相比，我国超大城市的郊区生活品质并未比中心区大幅提高，许多郊区的生活品质甚至比中心区差很多，城市规模过大也使得郊区向中心通勤距离过远，这很大程度上阻碍了核心区域人口向郊区和外围空间的疏散。

三、大都市多中心空间人口集聚力现状评价

在多中心空间格局发展过程中，最关键的是在于控制单中心扩张同时增加其他中心发展动力，促进整体格局的协调发展。而从我国大都市多中心格局的发展现状来看，普遍存在着外围副中心（指大都市主要中心之外的新城等副中心）发展动力不足和集聚力低下所引发的人口吸引能力不足问题，因此有必要深入分析城市外围新城等副中心的人口集聚能力，包括影响集聚能力的主要因素、人口集聚能力的评价机制、人口集聚能力的提升路径研究。

自增长极理论以来，国内外很多学者一直关注于人口和经济要素的空间聚集、分散机理的研究。从人口动力学的角度看，城乡结构性差异产生的"推—拉"力对流动人口集聚的作用较大，我国上海、北京、杭州、南京等大城市的近郊地区已经成为人口增长最快的区域，也因此形成了城市周边蔓延、"摊大饼"式推进的空间格局。一些学者对大都市外来人口空间选择的宏观因素和微观因素进行分析，认为外来人口以城乡结合带为主要集聚地，影响其聚集的宏观因素包括原有外来人口规模、人口同质性、成片集中房源供应、交通便利性等几个方面，其中，前期迁移者以血缘、亲缘、乡缘为纽带，大大减小了潜在迁移者的就业信息搜寻成本、心理成本以及迁移过程中所面临的风险，对外来人口的吸引力最大。总体来看，目前的主要研究集中在大都市区的人口集聚—疏散动力机制探讨上，本书重点关注大都市区的多中心格局成长机制，进一步探索多中心空间、尤其是副中心的集聚力及其影响因素。

（一）城市多中心集聚力的影响因素筛选

城市属于复杂巨系统，系统的自组织特征决定了要素关联的复杂性、非线性和开放性，因此影响城市多中心集聚力的要素比较纷繁复杂，本书通过指标筛选和降维的方法，以便弄清影响多中心集聚力的主要因素，从而判断多中心空间的集聚力分布及未来走势。

城市外围中心的人口聚集来源于两方面：其一，主城区人口外迁；其二，城市外部人口流入本市时选择在外围中心聚集。对于后者（人口的远距离迁移）来说，迁移的主要因素在于工资水平和就业机会；对于前者（人口的城市内部迁移）来说，迁移的主要因素除工资和就业机会之外，还来自于外围中心交通可达性和居住水平的提高，因为人口的城市内部居住地迁移未必伴随工作地点迁移，工作地和居住地分离的基本条件是两者之间的交通便利。因此，本书主要选取以下要素对北京市的城市多中心集聚力进行研究。

1. 人口。按照人口重力学说的思路，人口数量越大，说明人口在此空间上集聚度越高，集聚经济将发挥较大作用，常常带来更多人口的聚集。人口规模与城市的集聚力密切相关，也因此被城市间相互作用的万有引力模型用作衡量城市吸引力的关键因子。另外，某地已经聚集的外来人口可以降低后来者的搜寻成本和风险成本，尤其对外来人口聚集有很强的正向作用。因此本书选择常住人口数量和外来人口数量作为反映人口要素的指标。

2. 交通通达度。城市外围中心的交通通达度应该包含三个方面：与主城区连接的便捷性、交通通道的可选择性、与其他中心之间的连接程度。其中，与主城区连接的便捷性在外围中心发展初期影响最大。本书运用百度地图查询各城区人民政府到主城区中心（西单地铁站）的交通路线，选取时间最快的路径，并计算公共交通和自驾车最短时间距离的平均值，将其作为交通通达性的代表性指标。

3. 产业与经济。产业和经济发展状况，以及与此相关的就业机会和工资水平，对来自城市外部和主城区的人口都有重要影响。一般常用的指标有：反映经济水平和增长状况的 GDP 及其增长率、反映投资水平的固定资产投资及其增长率、反映产业结构的第二产业和第三产业比重、反映工资水平的平均职工工资。

4. 基础设施建设水平。教育、医疗服务设施水平很大程度上决定在居民向新城中心的迁居意愿，同时也影响着新建城区的住房空置率高低。

5. 土地约束。土地约束在土地资源不足时才发挥作用，且作用具有较大不确定性，因为土地资源整理、区划调整等都会带来新的用地，因此突破约束的可能性较大。与之相关的土地利用规划也有很大弹性，且随经济发展而不断调整。

经预先相关分析和数据筛选，本书选取北京市 2005 年的与人口发展相关的如下统计量进行分析：常住人口、外来人口、在岗职工平均工资、地区生产总值、企业单位个数、城镇固定资产投资、普通中学学校数、停车场车位数量、建设用地面积、与市中心的时间距离。

（二）要素指标降维

由于大量经济和社会发展指标之间都存在着复杂的相关性，数据指标指标之间关联和共线性会影响对城市空间集聚力进行分析，干扰对集聚力的关键性影响要素的分析。因此，本书将预先选取的有效指标进行因子分析降维。因子分析结果显示，KMO 检验结果为 0.790，适合因子分析，Bartlett 的球形度检验显示相伴概率为 0.00，小于显著性水平 0.05，因此拒绝 Bartlett 球度检验的零假设，认为适合于因子分析。

表 5-7　　　　　　　　　　　　　　　KMO 和 Bartlett 的检验

取样足够度的 Kaiser-Meyer-Olkin 度量		0.790
Bartlett 的球形度检验	近似卡方	222.429
	df	45
	Sig.	0.000

表 5-8　　　　　　　　　　　　　　　公因子方差

	初始	提取
常住人口数量	1.000	0.960
外来人口数量	1.000	0.945
平均时间距离	1.000	0.630

续表

	初始	提取
建设用地面积	1.000	0.885
在岗职工平均工资	1.000	0.938
地方总产值	1.000	0.943
城镇固定资产投资	1.000	0.945
企业单位个数	1.000	0.858
普通中学学校数	1.000	0.862
停车场车位数量	1.000	0.901

注：提取方法为主成分分析。

资料来源：《北京市区域统计年鉴2006》、《北京市2010年人口普查资料》、《北京市2005年交通发展年度报告》。

表 5 – 9　　　　　　　　　　　　解释的总方差

成分	提取平方和载入		
	合计	方差的%	累积%
F1	7.169	71.693	71.693
F2	1.696	16.963	88.657

表 5 – 10　　　　　　　　　　　　成分矩阵

	成分	
	F1	F2
常住人口数量	0.972	0.126
外来人口数量	0.958	0.162
平均时间距离	– 0.701	0.371
建设用地面积	0.172	0.925
在岗职工平均工资	0.758	– 0.602
地方总产值	0.946	– 0.218
城镇固定资产投资	0.969	– 0.072
企业单位个数	0.799	0.468
普通中学学校数	0.915	0.159
停车场车位数量	0.948	0.039

解释的总方差和旋转成分矩阵（见表 5 – 9、表 5 – 10）显示，第一个因子（F1）包含了大部分指标的信息，方差贡献率达到 71.693% ，集中反映了人口总量、投资和产出总量、中学和停车空间等基础设施建设情况，且和各区域到市中心的时间距离成反比，表达了不同城区发展的总体态势，也就是前期发展优势情况；第二个因子（F2）重点反映了用地供应状况，体现了未来发展中可能面临的土地约束，方差贡献率为 16.963% 。

（三）各因素影响权重分析

为了进一步探讨影响人口空间聚集的因素，本研究结合上述对于 2005 年北京市相关指标的因子分析结果，对北京市 2005 ~ 2010 年各区县常住人口增长数据进行回归，结果显示，只用前两个因子的回归显著性和拟合优度最好，回归相关系数为 0.824，整个回归方程显著。

表 5 – 11   回归统计信息

R	R^2	调整 R^2	标准误差
0.824	0.679	0.629	18.3786

表 5 – 12   方差分析表

模型	平方和	df	均方	F	Sig.
回归	9 278.249	2	4 639.125	13.735	0.001
残差	4 391.031	13	337.772		
总计	13 669.280	15			

表 5 – 13   变量回归系数分析表

	非标准化系数		标准系数		
	B	标准误差		t	Sig.
（常量）	26.45	4.595		5.757	0.000
因子 1	20.326	4.745	0.673	4.283	0.001
因子 2	14.332	4.745	0.475	3.020	0.010

由此可得，人口增长的预测方程为 $Y = (\sum\limits_{j=1}^{2} \alpha_j \times F_j) + b = 20.326F1 + 14.332F2 + 26.45$；将 2005 年北京市的原始指标的标准化结果分别记为 x_1，x_2，x_3，$\cdots$，x_{10}，[①] 根据因子分析的成分矩阵可知两个因子中各原始指标的权重 w_{ij}（代表第 i 个因子中第 j 个原始指标的权重），spss 分析中因子 i 的计算公式为：

$$F_i = (\sum\limits_{j=1}^{10} w_{ij} \times x_j)/N_i$$

其中，N_i 为该因子对方差的解释率。则人口增长方程中原始指标的权重计算为：

$$w_i = \frac{\sum_{j=1}^{2} w_{ij} \times x_i}{N_j} \qquad\qquad 公式（1）$$

根据公式（1），$W_i = W_{i1} \times 20.326/7.169 + W_{i2} \times 14.332/1.696$。根据公式计算出各指标权重如表 18。数据显示，建设用地面积、企业单位个数外来人口数量等对各区县的常住人口增长贡献最大，而区县的在岗职工平均工资、地区生产总值，以及与市中心的时间距离等因素的作用不明显。

表 5 - 14　　　　　　　　　各原始指标对人口增长的权重

常住人口数量	3.82
外来人口数量	4.09
平均时间距离	1.15
建设用地面积	8.30
在岗职工平均工资	-2.94
地区总产值	0.84
城镇固定资产投资	2.14
规模以上工业企业单位个数	6.22
普通中学学校数	3.94
停车场车位数量	3.02

---

① 2005 年北京市的指标：常住人口数量、外来人口数量、平均时间距离、建设用地面积、在岗职工平均工资、地方总产值、城镇固定资产投资、企业单位个数、普通中学学校数、停车场车位数量。

(四) 城市多中心集聚力的评价

1. 集聚力构成分析。如图5-7所示,将回归预测值和2005～2010年各区县常住人口实际增长值进行对比,大部分区县的预测值和实际值比较接近,差别较大的为房山、顺义预测值偏高,昌平预测值偏低,这三个区正处于北京市的城市发展新区,是政府大力支持发展的城市空间,结果正反映了政策等不确定信息对于快速发展的外围中心影响较大。因此,可将多中心空间的集聚力分为内生集聚力和外生集聚力:内生集聚力主要受城区自身人口和经济要素的累积优势影响,因集聚经济和外部经济而对人口、经济产生源源不断的吸引力,内生集聚力又因

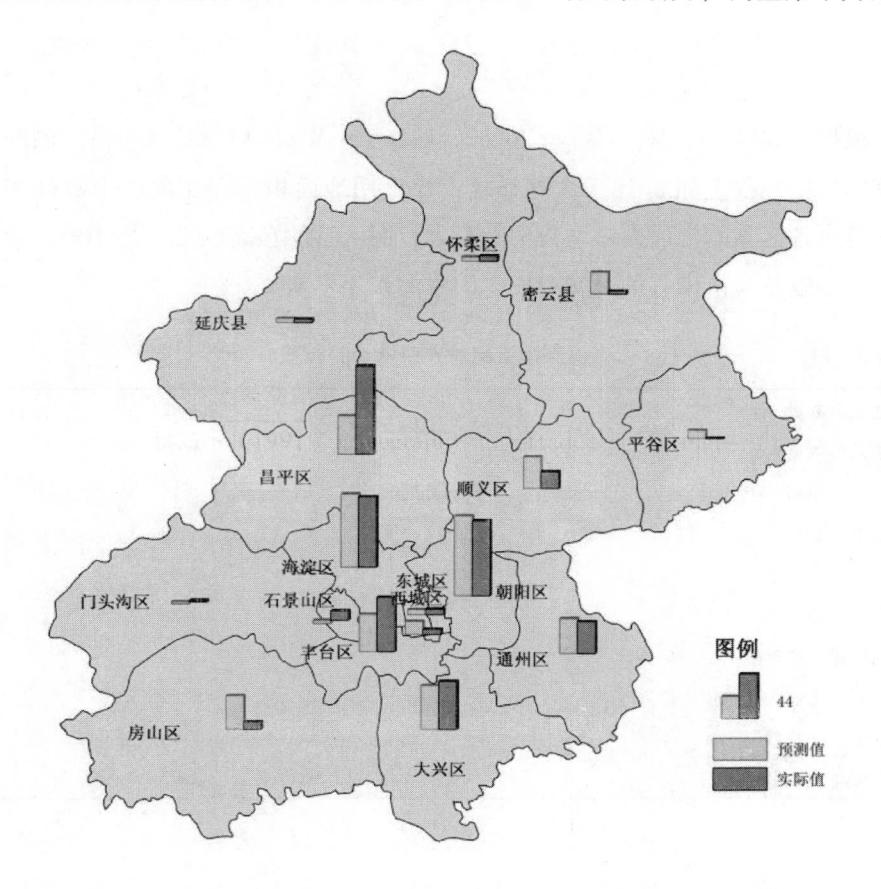

图5-7 北京市2005～2010年人口增长的实际值与预测值对比图

过度聚集所引发的集聚不经济而衰退；外生集聚力来自于政府发展政策，以及与此相关的大型基础设施建设、城区开发项目等，由于政府决策信息和决策行为的不确定性较强，政策、体制影响的前景模糊性突出，因此预测比较困难。

2. 内生集聚力评价。根据各原始指标对人口增长的权重情况，结合 2012 年北京市区域统计年鉴的数据，对北京市的各区县进行综合测算和集聚力评价，计算公式为：

$$Y_j = \sum_{i=1}^{10} (X_{ij} \times W_i) = 3.82X_{1j} + 4.09X_{2j} + 1.15X_{3j} + \cdots\cdots + 3.02X_{10j}$$

其中，X_{ij} 代表北京市的 j 区县 2012 年第 i 个指标的标准化值，W_i 代表 i 指标的权重。

结果如表 5 - 15 所示，内生集聚力最大的城区依次是朝阳区、海淀区、大兴区、昌平区和通州区，内生集聚力最小的依次是门头沟区、石景山区、东城区和西城区。可见：从都市空间自身发展态势来看，核心区域的东城区和西城区已经开始呈现集聚力减弱的迹象，在近期内将出现人口低速增长甚至负增长；朝阳区和海淀区经历了长期人口集聚之后，如今已处于集聚力最强的阶段，集聚优势显著，有必要进行政策性疏导，避免过度聚集；大兴区、昌平区、通州区等城市发展新区的内生集聚力开始初步显现，房山区、顺义区内生集聚力仍然不足。如图 5 - 8 所示，如若仅仅依靠内生集聚力，则未来几年海淀区和朝阳区将聚集最大规模的人口，而外围的大兴、通州等地无法形成强势聚集中心。

表 5 - 15　　　　　北京市各区县内生集聚力及五年后预测人口　　　　　单位：万人

	2011 年年底常住人口	内生集聚力	2016 年年底常住人口
门头沟区	29.4	- 2.88	26.5
石景山区	63.4	- 1.21	62.2
东城区	91.0	- 0.13	90.9
西城区	124.0	3.56	127.6
延庆县	31.9	5.38	37.3
怀柔区	37.1	5.96	43.1
平谷区	41.8	6.37	48.2
密云县	47.1	21.11	68.2

续表

	2011 年年底常住人口	内生集聚力	2016 年年底常住人口
房山区	96.7	33.22	129.9
顺义区	91.5	33.94	125.4
丰台区	217.0	37.06	254.1
通州区	125.0	41.42	166.4
昌平区	173.8	47.68	221.5
大兴区	142.9	52.63	195.5
海淀区	340.2	63.08	403.3
朝阳区	365.8	76.02	441.8

资料来源：《北京区域统计年鉴 2012》。

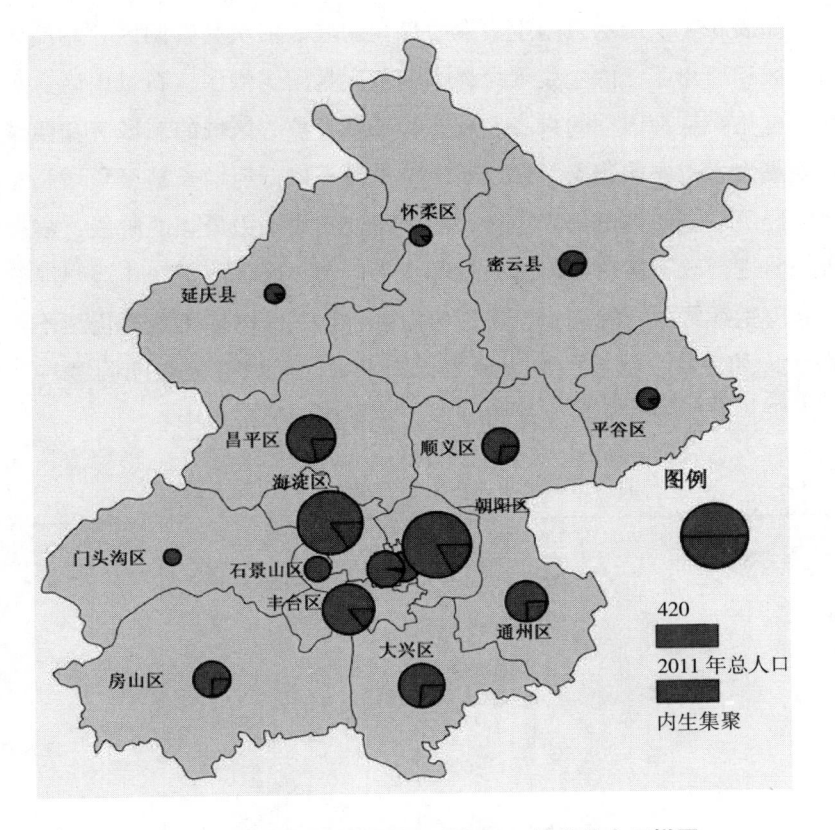

图 5−8　根据内生集聚力预测的 2016 年常住人口饼图

注：饼的大小表示 2016 年人口多少。

3. 外生集聚力引导。外生集聚力是城市自组织系统的他组织作用力，为了弥补内生集聚力在人口疏散和引导方面的不足，促进城市人口的有序疏散，从而缓解人口过度聚集所引发的种种"城市病"，政府还需要通过政策、体制等力量调节不同城区的外生集聚力。在城市系统内部格局快速、剧烈变动时期，政府、政策等外生集聚力能够帮助城市系统保持大致有序运行，从而实现城市系统由低等级平衡态向高等级平衡态平稳转变。北京、上海等超大都市正处于人口空间格局快速转变的时期，中心空间的人口疏散关乎城市健康，外围空间的人口聚集也愈演愈烈。结合北京市的数据分析，政府、政策等外生力量应从三个方面对城市人口进行引导发展。

首先，对于人口压力较大的主城区，仅靠其内生集聚力的作用难以达到疏散目标，政府需通过制度优势的疏散带动人口、经济等的向外疏散。上述分析结果表明，2011 年北京市西城区和东城区的内生集聚力分别为 - 0. 13 和 3. 56，也即依靠内生集聚力的作用，两城区的人口在未来五年内将有微量减少，甚至继续少量增加。为了更有效地缓解中心城区的压力，还需政府通过管理和规划力量来推动。

其次，需要改变原有将政策、体制优惠集中于主城区的模式，促进城区之间制度资源分配的均衡性。从 2005 ~ 2010 年各区县的实际增长值和估计值的对比情况来看，房山、顺义、通州等城市发展新区的人口实际增长情况与内生集聚力估计值差距较大，也即这些城区实际人口增长受外生集聚力影响较大。因此政府应加强对城市发展新区的政策倾斜，尤其对房山、顺义等外生集聚力较低的城区要加大政策扶持力度。

最后，加强对快速发展城区的空间引导和规制，加快其向有序发展的进程。对于大兴新城、通州新城和亦庄经济技术开发区而言，人口聚集过程已经被启动，城区建设从零星建设转向实质性填充阶段，但建设中的用地比例平衡、空间配套协调等亟须完善。因此，政府需借机通过待建空间的规制、夹缝空间的整治和配套空间的增补对新城进行平衡、协调。

（五）小结

外围中心的集聚力不足是引发人口疏散乏力、空间建设无序等大都市"城市病”的关键性因素。为了探寻提升外围中心的集聚力关键路径，本书运用因子分析和回归分析方法分析外围中心集聚力的主要影响因素，并将指标权重和北京市2011 年的最新统计数据相结合，对未来几年各区县人口集聚趋势进行初步判断。结果表明，前期发展优势和土地资源约束对人口集聚力的影响均十分显著，政策、体制等外生集聚力对城市发展新区的影响更大，内生集聚力最大的城区依次是朝阳、海淀、大兴、昌平和通州，内生集聚力最小的依次是门头沟、石景山、东城和西城，政府需通过政策、体制等外生力量提高城市发展新区的外生集聚力。

从现代城市发展的历史来看，工业化、城市化过程带来了空前的人口空间聚集，加强了城市中心的集聚经济和外部经济效应，但同时也产生了交通拥堵、用地紧张、污染加剧等大量的问题。人口疏散成为解决大都市问题的主要出路，对于北京、上海等超大城市来说，人口疏散的需求更加迫切，近 20 年来，北京、上海等城市的主城区城市人口密度仍在增加，都市区人口持续过度聚集，给城市空间造成巨大压力。由于影响城市人口发展演变的要素纷繁复杂，政府通过政策和管理对其引导也十分不易，人口疏散已成为中国大都市目前所面临的关键难题之一。从动力机制上来看，人口疏散的动力主要来源于主城的推力和外围中心的集聚力，二者均属于城市巨系统的自组织力量，也即城市系统的内生集聚力。对北京市的数据分析表明，各城区人口增长的内生集聚力与人口总量、经济总量、投资总量、设施建设水平和土地供应水平密切相关。内生集聚力对主城核心区影响显著，对外围的城市发展新区影响较小，因此仅仅依靠集聚经济和外部效应为核心的内生集聚力引导，难以大幅提升主城区人口疏散速度，从而造成空间资源和时间的浪费。另一方面，政府主导的政策、体制力量对城市近郊和发展新区的影响显著，因此有必要改变现有制度资源分配模式，重点促进城区政策优势的均衡化，尤其是加强对城市发展新区的政策激励。

四、中国现阶段外围中心构建中的问题与误区

20 世纪 50 年代以来，我国北京、上海等大都市开始通过建设新城来调控产

业和人口的空间分布，新城低廉的地价、房价对人口和产业具有强大吸引力，一定程度上促进了主城人口的疏散。然而在很长时期内，国内所建设的新城普遍存在着功能单一、设施不完善、发展滞后、交通不便等状况，这也极大影响了新城对人口的调控作用。上述分析也显示，现阶段中国大都市区外围新城中心的建设还存在以下突出问题。

（一）集聚动力不足

集聚动力不足是中国现有新城建设的主要问题。与中心城区相比，新城位置上不具优势，且存在一些制约人口与产业聚集的因素：对于产业发展和商业建设来说，新城交通成本较高，商服繁华度不足，入住率偏低，制约了企业的盈利能力；对于居民来说，新城商服不完善，距离工作单位远，公共交通不够发达，医疗和教育水平低下，这些原因使得有条件的居民会优先选择在主城居住，尤其是有就学子女的家庭和老人群体向新城迁居的意愿更低。因此，为了提升新城集聚能力，有必要及时促进教育、医疗等资源的空间均等化，提升新城商服设施水平，加快新城交通条件的改善。

（二）功能上过分依赖主城

虽然世界上新城建设已经历了至少三代的变迁，优秀的新城建设已经朝着多元、综合、相对独立的方向发展，但国内新城建设中仍然存在着比较显著的功能单一问题，以居住为主、工业为主、教育为主的新城大量出现，这些功能相对单一的新城必然依赖于其他城区，尤其依赖于主城，也因此形成大量的与主城之间的通勤交通，给整个城市的交通系统带来压力。不仅如此，功能的单一化还让新城居民和工作者感到不便，不利于人们对新城空间的认可度与归属感的提升。因此，建设综合性的新城，促进大都市外围中心的多元化发展，才能扭转其过度依赖主城的局面，并有利于解决交通拥堵等"城市病"。

（三）空间资源闲置、浪费

从成本核算来看，某些地块会给开发商带来更高的利润，这使得新城的土地开发会呈现优先快速开发区域和闲置、待整顿空间混杂的斑驳景象。接近轨道交通线路的地块能吸引大量购房者和投资客，接近边缘的地块能以较低的价格获得，这两者往往成为开发商所热衷的开发对象。而交通条件欠佳、整治成本较高或拆迁难度较大的地块往往被忽略，或者需要长期等待直至土地升值之后才获得开发。这种土地开发过程使得城市空间的扩张呈不规则的形态，且内部存在大面积空间闲置和长期浪费，而同时又造成了外围空间的无边蔓延，造成都市周边农田和乡村景观的过度、过快损毁。

在国外，有用设置城市成长边界的做法来限制城市无边蔓延，但却很少能成为长久的解决办法，来自政治上的压力迫使这些边界最终还是向外扩展，即使是为人称道的波特兰市的边界线也常常面临立法的挑战。对内部闲置用地的开发进行鼓励，并在外围执行严格的土地保护制度，或许是更加有效的措施。

第六章

"城市病"治理的多中心调控"推"力、"拉"力模式

通过前文的分析显示，中国超大城市人口快速增长和持续聚集的现象显著，都市区空间集中度较高。人口过度聚集必然对城市空间造成压力，并带来交通拥堵、住房紧张和环境恶化等一系列"城市病"，给城市空间资源、城市管理等带来巨大压力，也不利于城乡一体化的实现。为了实现城镇化的健康发展，构建协调的城乡关系，需要积极促进超大城市的人口疏散，尤其是中心城市的人口疏散，促进超大城市的人口、资源和空间协调发展，促进超大城市与区域的联动、城市空间与乡村空间的联动，从构建城市区域的多中心体系入手进行人口空间调控。除此之外，现阶段，公共资源的配置对大都市人口格局具有重要指引作用，教育、医疗、绿化等公共资源配置水平直接影响着人口的城内迁移模式，公共资源在都市空间的均衡布局至关重要。因此，以下研究在上述城市病机理和大都市人口格局的分析基础上，继续探索人口空间调控的推力（疏散）、拉（吸引）力模式，以及针对具体城市病的治理对策。

一、推力模式——积极推进主城人口、产业向多中心疏散

显然，城市人口和经济格局是影响城市病的关键因子，从目前国际大都市的治理经验来看，调整人口和经济格局的最有效方式即为构建多中心的城市区域，我国大都市圈的发育晚于伦敦、巴黎等大都市圈，由于经济发展水平、产业结构、要素聚集态势等的不同，我国大都市圈多中心体系尚处于成长发育阶段，尤

其京津冀都市圈的多中心体系还远未确立。为了弄清我国大都市区的发展格局与趋势，以下运用空间自相关分析、空间基尼系数、人口—空间基尼系数对大京津冀都市圈的人口空间格局、就业空间格局等进行分析，深入剖析北京人口分布的现状与京津冀多中心性发展态势。

（一）北京市人口分布格局现状

1. 北京市人口密度分布。以北京市人口普查数据为基础，运用 ARCGIS10.0 运算各街道的人口密度，并用自然断点法绘制人口分布图，如图 6 - 1 所示，人口密度最高的是东城和西城的一些街道，其次为丰台、石景山、海淀、朝阳等城市拓展区，大兴、怀柔、通州、顺义等外围城区的核心区域也有个别街道的人口

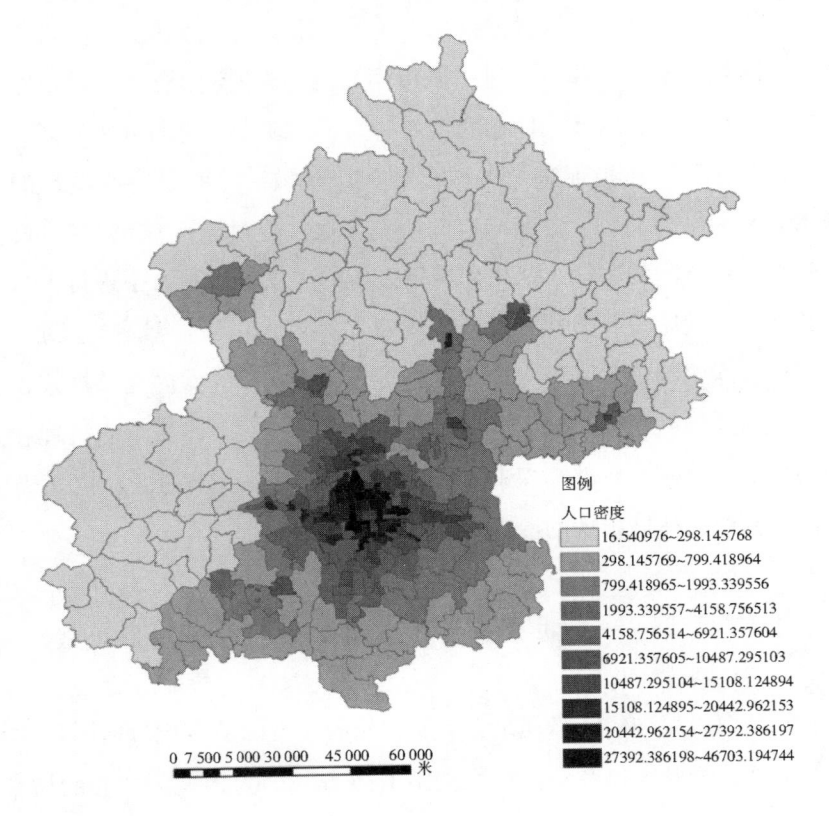

图 6 - 1　北京市 2010 年人口分布图

密度也达到 1 万人/平方千米以上，例如门头沟区的大峪街道和城子街道、大兴区的清源街道、怀柔的泉河街道和龙山街道等。

2. 全局空间自相关分析。空间自相关（Spatial Autocorrelation）是指空间单元与其相邻或邻近空间单元之间在属性上的相似性，关于空间自相关性的测度是地理数据分析的重要内容。其中，全局自相关可以帮助我们判断要素或属性的整体分布状况，并找到空间上的高值聚集点和低值聚集点，Moran 于 1948 年建立的 Moran 指数是应用最为广泛的空间自相关系数，它的全局自相关计算公式如下：

$$I = \frac{\sum\limits_{i}^{n} \sum\limits_{j \neq i}^{n} w_{ij}(x_i - \bar{x})(x_j - \bar{x})}{S^2 \sum\limits_{i}^{n} \sum\limits_{j \neq i}^{n} w_{ij}}$$

Moran's I 值介于 -1 到 1 之间，0 为不相关。

利用空间自相关系数对北京市分街道的常住人口和外来人口进行分析，结果显示：外来人口的 Moran I 为 0.176，常住人口的 Moran I 为 0.276，二者 P 值均小于 0.001，呈显著的空间自相关；人口密度的 Moran I 为 0.8914，高度自相关。

3. 局部空间自相关分析。对于北京市内部来说，虽然政府早已开始出台疏散政策和东城、西城疏散计划，但常住人口和外来人口的分布仍主要地集中在城市核心区域。利用北京市 2010 年的人口普查资料，运用 Arcgis10.0 软件，计算各街道的 Getis-OrdGi* 统计值，并对北京市域的人口进行局部自相关分析。研究时选择曼哈顿距离（MANHATTAN_DISTANCE）和 FIXED_DISTANCE_BAND 进行分析，绘制北京市常住人口密度分布的冷热点图如图 6-2 所示，北京市的人口密度在中心区形成连片热点区域，而外围新城附近并未形成显著的热点分布区，由此可见，北京市人口分布仍然以单中心聚集为主要特征，外围中心聚集不够突出。另外，在外围的西北、东北和西南三个方向形成了三个低值聚集的冷点区域，其中密云、顺义和平谷区交汇点所形成的冷点最为显著，与北京市的地形图相对比，三个冷点区的中心均为地形较为复杂的山体，土地开发和利用受限，成为人口聚集中需要绕开的障碍空间，这三个外围冷点区域分布在距离市中心约 40~60 千米处。另外，在中心城区附近的南法信地区和仁和地区，由于顺义机场建设及其对于净空区等的要求，也形成了小面积的低值聚集冷点区。

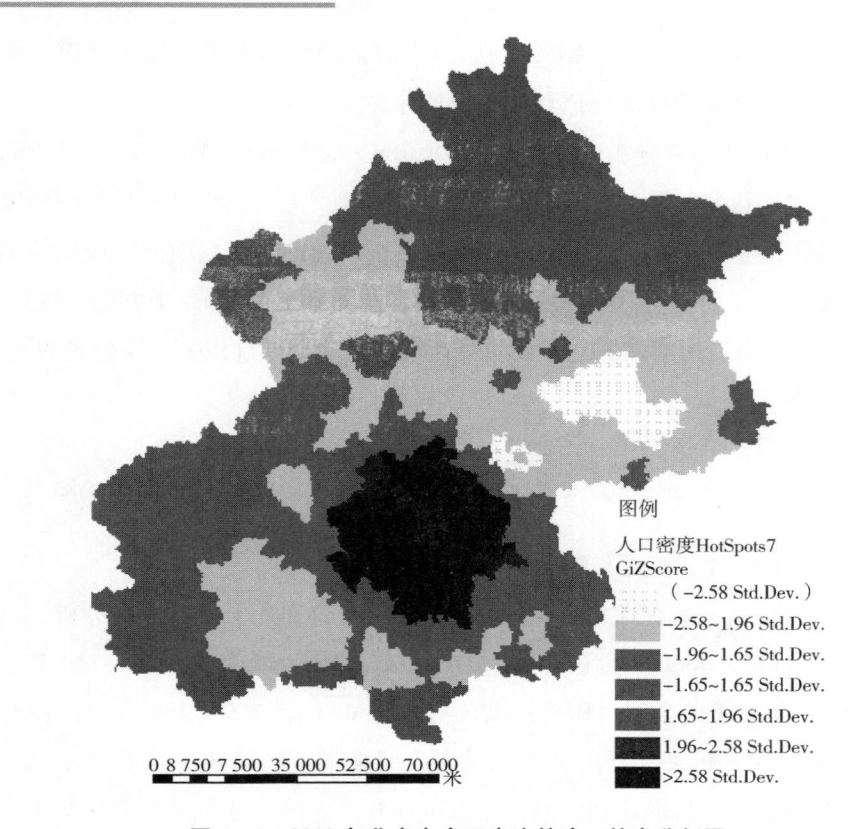

图例

人口密度HotSpots7
GiZScore
（−2.58 Std.Dev.）

-2.58~1.96 Std.Dev.

-1.96~1.65 Std.Dev.

-1.65~1.65 Std.Dev.

1.65~1.96 Std.Dev.

1.96~2.58 Std.Dev.

>2.58 Std.Dev.

0 8 750 7 500 35 000 52 500 70 000 米

图 6 – 2　2010 年北京市人口密度的冷、热点分析图

对外来人口比重的热点分析结果显示，与人口密度的分布不同，外来人口比重的热点区域面积较总人口密度的热点区域大，主要集中在以月坛街道为中心，约 40 千米为半径的圆形区域的东北半部，圆形的边缘比六环略向外，从行政区来看，该区域覆盖了东城区、西城区、朝阳区和海淀区的全部面积，还包括了昌平区、顺义区、通州区、大兴区的靠近中心部分，以及丰台区的东半部分，而低值聚集区更靠近北京市域的外缘。综合分析得知，位于东北部的海淀区、朝阳区和通州区商业服务业比较发达，且有较大比例城区属于新近开发空间，因此从业和居住的外来人口较多。比较典型的区域，如北部的北七家镇、东小口地区和回龙观地区有大面积的新建住宅，属于近期发展起来的大型社区，因此有大量外来人口在此购房、居住或从业；东部的十八里店地区、高碑店地区、王四营地区等，由于处于城郊结合部和城市化的边缘地带，而且接近京津冀区域内部的快速交通线，聚集了大量外来常住人口。

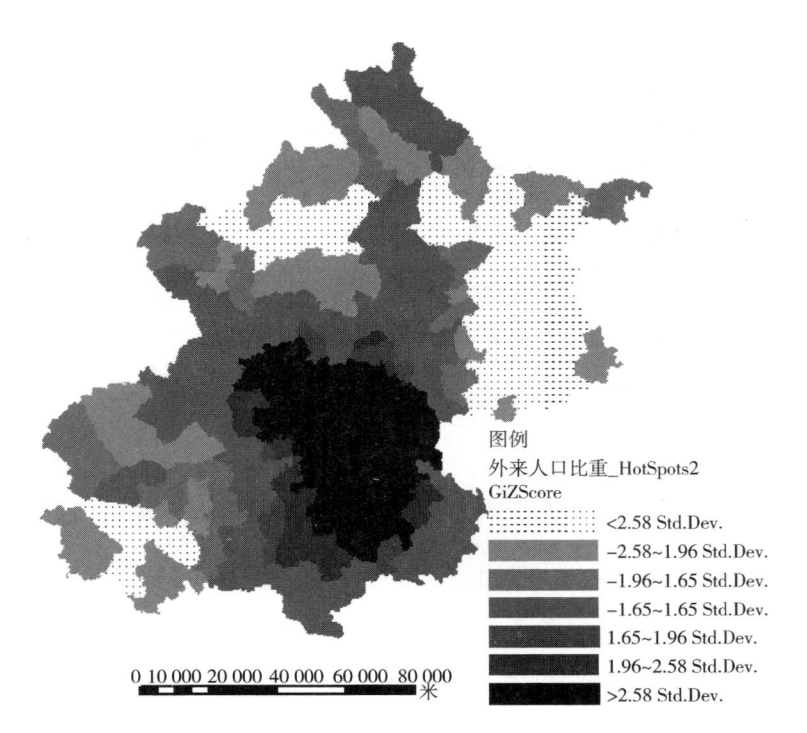

图例
外来人口比重_HotSpots2
GiZScore

└┈┈┤ <2.58 Std.Dev.
████ −2.58~1.96 Std.Dev.
████ −1.96~1.65 Std.Dev.
████ −1.65~1.65 Std.Dev.
████ 1.65~1.96 Std.Dev.
████ 1.96~2.58 Std.Dev.
████ >2.58 Std.Dev.

0 10 000 20 000 40 000 60 000 80 000
━━━━━━━━━━━━━━━━━ 米

图6-3 2010年北京市外来人口比重的冷热点分析图

（二）京津冀都市圈多中心性测度

作为和单中心城市的区分，多中心城市区域的重要特征之一是：由多个大都市引领，形成多层次的位序规模都市体系而非首位型城市体系。Parr（2004）指出，多中心城市区域的大城市规模没有较大差异，Kloosterman & Musterd（2001）和 Spiekermann & Wegener（2004）也把"没有明显占支配地位的主导城市"作为多中心城市区域的主要特征。

对于大北京都市区域来说，北京市具备突出的支配性地位。如图6-4，在整个大北京"巨型城市区域"（MCR）中，北京市作为首位城市的特征突出，拥有整个京津冀区域33.6%和35%的城镇人口与非农就业，远高于POLYNET项目组所研究的八个"巨型城市区域"中的典型多中心城市区域兰斯塔德和莱茵鲁尔。北京和天津两市拥有整个京津冀区域50%以上的城镇人口和非农就业，居于突出的主导地位。

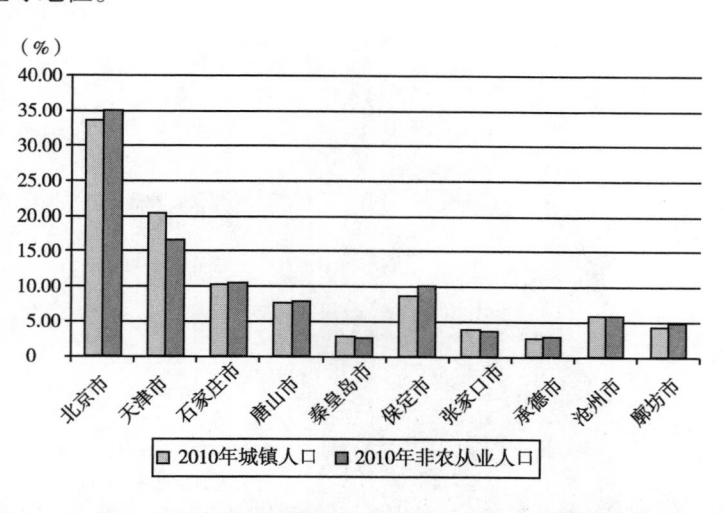

图 6 - 4 2010 年京津冀区域各中心城市人口与就业占区域总体的比重

空间基尼系数曾被克鲁格曼用于测度产业集聚程度,后被广泛应用于要素或属性的空间聚集度分析,其公式为:

$$G = \sum (S_i - X_i)^2$$

其中,S_i 表示表示 i 地区某行业就业人数占全省该行业就业人数的比重,X_i 表示该地区就业人数占全省就业人数的比重。

利用北京市、天津市和河北省的第六次人口普查数据的就业统计数字,按照上述公式计算其空间基尼系数如表 6 - 1 所示:六个大类的就业中仅有生产运输设备操作人员的空间基尼系数小于 0.01,空间上基本均衡,其余五类的空间基尼系数均大于 0.01;办事人员和有关人员的空间聚集最为突出,其空间基尼系数为 0.10,这类人员中有 52% 聚集于北京市;专业技术人员和农林牧渔业人员的聚集现象也很显著,空间基尼系数分别为 0.056 和 0.052,其中专业技术人员有 60% 聚集于北京和天津,农林牧渔业人员大都聚集于保定、沧州等河北省的城市。

表 6 – 1　　　　　　京津冀十城市就业人员空间基尼系数测算表

$(S_i - X_i)^2$	国家机关、党群组织、企业、事业单位负责人	专业技术人员	办事人员和有关人员	商业服务业人员	农林牧渔水利业生产人员	生产运输设备操作人员及有关人员
北京市	0.00418	0.04335	0.08691	0.03492	0.03693	0.00009
天津市	0.00560	0.00176	0.00016	0.00053	0.00364	0.00293
石家庄市	0.00039	0.00141	0.00157	0.00076	0.00143	0.00014
唐山市	0.00029	0.00082	0.00146	0.00079	0.00048	0.00013
秦皇岛市	0.00008	0.00015	0.00020	0.00014	0.00030	0.00009
保定市	0.00239	0.00524	0.00833	0.00367	0.00463	0.00001
张家口市	0.00036	0.00034	0.00028	0.00015	0.00032	0.00003
承德市	0.00000	0.00024	0.00034	0.00019	0.00031	0.00005
沧州市	0.00082	0.00242	0.00402	0.00200	0.00344	0.00044
廊坊市	0.00001	0.00026	0.00066	0.00012	0.00018	0.00000
基尼系数	0.01412	0.05599	0.10394	0.04328	0.05165	0.00390

　　按职业种类对 G 进行统计运算，结果显示：在专业技术人员中文学艺术工作人员和新闻、出版、文化艺术工作人员的空间基尼系数最大，有 79% 和 73% 的

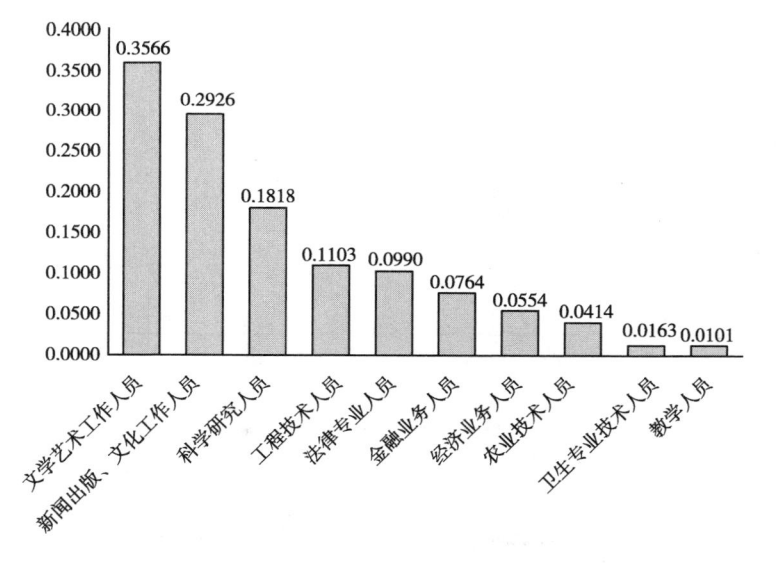

图 6 – 5　专业技术人员中细分类别的从业人员空间基尼系数

人员聚集在北京，空间基尼系数达到 0.36 和 0.29；科学研究人员的聚集也比较显著，空间基尼系数达到 0.18，有 60% 以上汇聚北京。

同时，为了衡量人口分布的状况，本书中对空间基尼系数进行了修改，从而把空间面积数据引入进来，公式改为：

$$G^* = \sum (P_i - A_i)^2$$

其中，G^* 表示人口空间基尼系数，P_i 表示京津冀某城市的人口总量占区域人口总量的比例，A_i 表示该城市面积占京津冀区域总面积的比例。由此计算出京津冀近 10 年的人口—空间基尼系数变化情况如图 6-6 所示，2000 年京津冀区域的人口空间基尼系数为 0.069，2005 年增长至 0.073，五年间增长了 0.004；自 2005 年之后，京津冀区域的人口空间基尼系数一直以相对稳定的速度增长，至 2012 年该系数达到 0.087，且尚未有明显放缓增长的趋势。这充分表明，自 2005 年以来京津冀人口在空间上的聚集趋势显著、持续且稳定，这种稳定的变化趋势属于市场力主导的人口空间变化特征，同时也体现了北京、天津两城市作为中心对整个区域人力资源的持续聚集态势，这种聚集也体现了整个区域发展以极化为主，扩散不显著的状况。

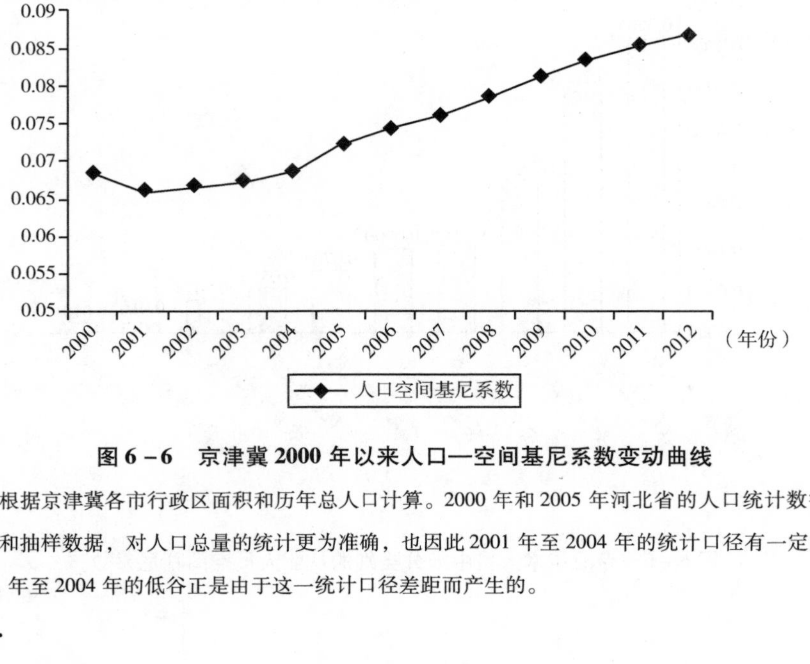

图 6-6　京津冀 2000 年以来人口—空间基尼系数变动曲线

注：根据京津冀各市行政区面积和历年总人口计算。2000 年和 2005 年河北省的人口统计数字采用了人口普查和抽样数据，对人口总量的统计更为准确，也因此 2001 年至 2004 年的统计口径有一定差距，曲线上 2001 年至 2004 年的低谷正是由于这一统计口径差距而产生的。

（三）关于多中心发展格局的建议

在疏解超大都市中心人口时，要顺应城镇化和城乡经济发展规律，科学规划与合理政策引导相结合。缺乏理性、科学规划的简单向外围迁移人口，只会带来更多的城市无序蔓延、长距离通勤等问题。实践也证明，单纯的人口迁移政策操作难度大，且容易诱发被迁移居民的不满。如果利用人口迁移规律，采取功能疏散引导人口疏散的模式，会更加有效。也即，逐渐增加中心区、老城区的绿化、休闲等空间的建设，减少其商服、行政等集聚力强的功能开发，因利势导，通过行政、商业服务的外迁带动人口的外迁。北京、上海等城市自 20 世纪 50 年代已经开始对部分产业的疏散历程，如今已经基本建成了以新城、重点镇和主城共同构成的多中心城市体系。即便如此，我国现有的新城建设有较大的盲目性，缺乏系统、完善、科学的理论指导，新城普遍存在着发展动力不足、对主城依赖性过强等问题。因此，还需要合理规划新城的功能，促进新城之间、新城与主城、新城与乡村之间的功能协调。新城既要在整个超大都市空间中承担特定功能，又要有较强的独立性，有完善完备的基本服务功能，避免对主城过度依赖，从而减少新城与主城之间的长距离、大规模、摆动式交通。因此，本书提出以下几点建议：

1. 加快重点新城建设，培育外围热点。对北京市人口的自相关分析结果显示，无论是人口分布、人口密度还是外来人口分布的热点都仍聚集于北京主城核心区，外围新城的发展虽然已经初具规模，但仍未形成聚集热点，外围中心自身的聚集能力和成长能力仍然有限，市场力和自组织力量对不足以支撑其快速的成长壮大，从而形成人口格局的改变比较缓慢、中心过度聚集的现状。所以，培育重点新城，提升其对产业和人口集聚能力，是促进北京城市空间多中心化的重要途径。培育新城的产业孵化、孕育能力，促进新城形成具备竞争力的产业聚集中心，提升新城基础设施和公共服务水平，从而促进主城和中心的人口向次中心转移。与此同时，还需要促进新城综合功能的开发，从而降低新城对主城中心的依赖，加快新城之间的交通通道建设，避免新城之间交通需要过境主城中心徒增交通量的状况。

2. 成本考量，促进区域集约式轴线建设。对于人口聚集较多，对北京市中心的资源不十分依赖的产业，可以尝试向北京行政区外围甚至之外转移。其中，一些产业或对交通比较依赖，需要频繁与京津联系，或者依赖京津交通枢纽。这些产业在向外转移时，政府需要考虑位置与交通成本的因素，在京津轴线进行布局，形成京津轴带式发展，保障疏散的同时最大程度地降低产业运行成本。京津之间的交通走廊需要整体部署，有选择地建设几个上述的产业聚集点，保障京津通道点轴的健康发展。除此之外，还可以考虑在京津冀区域内建设新城次轴，既能分散京津轴向的压力，又能通过空间集约式发展降低对成本和土地资源的消耗。

为了更好地利用北京市现有的人口、资源和现有产业基础，同时又避免产业空间发展和城市空间的不协调，减少产业聚集带来的交通、环境等方面的问题，有必要构建重点核心功能的集群化发展，形成多中心聚集的空间模式。在现有产业空间结构的基础上，在北京市外围打造科技创新、国际交往、行政事务、文化创意等重点的核心功能集群，并根据集群之间、集群与主城之间的关联程度确定各集群的区位，构建重点集群之间的高效交通通道，形成综合、互通、协作的核心产业集群系统。

3. 提升辐射力，推进区域网络发展。京津冀区域多中心性的测定结果显示，该区域的首位度很高，办事人员和专业技术人员高度聚集于北京，区域内人才资源分布悬殊较大，这也充分说明了京津对整个区域的集聚力有余，辐射力不足的状况。因此，对于那些不过分依赖京津都市区、日常联系不十分频繁，能依托高铁、铁路、高速公路、城际轨道等交通轴线发展的城市功能，可以考虑朝着更外围的空间发展，适当分散于京津冀区域网络的城镇节点上，通过政府引导促进、整体规划部署、高效交通网络建设等手段来促进这些节点的发育、成长，从而推进京津冀区域网络化的发展与区域经济协调的实现。

4. 重新定位各中心，引导人口有序疏散。疏散人口的政策需要统筹协调，做好长远规划，应进行区域格局梳理，分批分类对人口和产业进行疏散。其中，协调的关键在于对主、次中心进行准确定位。一方面，对中心区职能重新定位，既避免过度聚集，又保持集聚经济优势，避免空心化和中心衰落。现阶段中心区的聚集过度，因此疏散也是必然的选择，但在疏散的同时，需要考虑到对中心区活力的保持，在中心准确定位的基础上保证中心对某些经济活动的强大吸引力，避免过分疏散所造成的中心区衰落问题。另一方面，促进外围新中心之间功能的部署，把经济、社会联系密切的疏散到一起，避免长距离交通和新的超大运量交通通道产生，发挥各自优势，进行功能协调和空间优化协调，提升整体效率和效益，避免同质化竞争。

同时，还要有集中地疏散，形成各级亚中心，避免无序、低效扩散和蔓延，以及由此产生的基础设施、邮政、市政等投资消耗。集聚经济是高等级经济活动布局的关键要素，也是大都市区保持国际竞争力的必要条件，过度的分散和多中心化也必然会损及集聚经济。巴特·兰布雷德认为，以多中心和分散而著称的荷兰兰斯塔德地区，因分散化的空间布局阻碍了社会和经济的一体化，因此集聚经济远低于巴黎、伦敦、马德里和米兰等真正的大都市区。由于土地资源比较丰富，再加上小汽车在城市交通中占据主要地位，西方发达国家的一些自第二次世界大战以后就开始面临城市蔓延的问题，而城市蔓延的受害者，包括了儿童、青少年、老人、上班族和政府机构。首先，郊区的游戏场地和购物中心一般距离很远，儿童到达困难，使用不便；其次，郊区环境中，青少年更易遭受隔绝与无聊，自杀率和犯罪率偏高；再次，上班族需要消耗大量时间在通勤交通上，而挤占了他们和儿女共处、锻炼、休闲的时间；除此之外，地方政府还需要耗费大量投入在郊区基础设施上。威斯康星州在过去13年间投入超过10亿美元用于郊区发展，其中密尔沃基郊区投入3 790万位居第二，但巨额的投入大都未获得丰厚的回报，富兰克林市在1992年的一次成本分析中发现，一套新建独立住宅向市政府缴纳的地产税是5 000美元，而市政府为他提供的配套服务却要耗资1万美元。

5. 更多发挥城市系统自组织力的作用。如今，在拥堵、污染等城市病逐渐严峻的中国大都市，政府和管理者的基本思路是推进城市空间改造升级，将不重要的、低附加值的产业疏散出去，中国城市政府对城市系统的控制力比较强大，例如出台限制产业目录、制定逐批疏散企业名单、推进大面积拆迁等方面都十分有力，总之更倾向于使用计划的、行政的、强制的手段，而忽视掉市场自身的力量与城市系统自身自组织的力量，也不曾仔细预料一系列强制性手段可能诱发的潜在效应、附加效应。即便如今的中国城市不常出现旧城和中心区衰落的问题，但如果不考虑中心区转型方向而过度行政干预和过度疏解，致使中心区的竞争力大幅下降，再加上政策惯性推进城市系统自组织运行的后果，或许多年之后中心区衰落的问题也会出现。本书认为，政府对城市空间的引导应更多集中在基础设施配建、公共服务提供、用地供应控制方面，更多集中在交通网络建设、绿化空间营建、居住环境改善和农地保护上，更多集中在产业空间的政策引导和产业集群、生产链管理上，而具体的、微观的城市经济活动应更多发挥城市系统的自组织力的作用，由市场、企业、信息、资源和人等系统要素在政策和规划引导下通过自组织涨落而运行，政府通过营造有效的"非平衡态"来引导城市自组织系统运行，而不是频繁地直接搬挪、移动城市系统要素。

二、拉力模式——优化公共资源、服务的空间配置格局

公共资源与服务的均等化是社会正义和公正的基础，其中，因教育对下一代甚至几代的社会生活均能产生很大影响，具有更强的社会公平意义，良好的教育资源配置也成为社会公平实现的重要前提。如今，学者们十分关注教育资源在城乡间、地区间以及省际的公平分配问题，测算的方法主要涉及政府财政和教育经费投入方面，事实上，在大都市空间格局不断复杂化和空间物质景观分异加剧的情境下，不同群体在空间上的聚集和分异，导致社会分异在空间上更明确地呈现出来，城市的社会空间也逐渐成为研究社会阶层、社会分化、社会公平问题的重要载体，教育资源优化配置也可以借助这一载体得到更充分地研究。

（一）公共资源、服务的空间失衡是人口疏散的主要制约因素

改革开放以来，我国大都市区的公共资源分布逐渐受到市场配置的主导，空间格局和分布状况也呈现出随社会而分异的特征。学者们针对城市公共资源空间配置的研究也逐渐丰富，研究主要集中在对大都市的公共资源和服务设施空间配置状况的分析，尤其关注其分布的结构与影响因素。例如，高军波等研究指出，不同阶层社会群体居住单元的公共服务设施配套及可达性存在显著差异，受旧城

区社会经济持续繁荣及历史沉积效应影响，社区地位与城市公共服务设施供给及可达性之间呈非完全一致性；魏宗财、甄峰通过对深圳市的文化设施配置状况研究指出，区域经济、人口分布、交通区位、政策等因素是影响公共文化设施配置格局的主要因素。事实上，城市公共服务和公共资源的空间配置问题不仅仅属于规划的范畴和地理研究的范畴，更应属于行政管理和政府治理的范畴，韩志明从空间政治学的角度指出，公共服务的空间维度表明其具有排他性和竞争性，公共服务均等化作为社会空间再生产的机制之一，是解决社会空间失衡问题的重要手段，也是实现空间正义的重要途径。

不仅如此，教育等公共资源的空间协调配置，也是大都市健康发展和多中心城市格局构建的重要支撑。如今，北京、上海、广州等中国大都市纷纷面临着人口疏解的难题，如何将都市核心区的人口逐渐向外疏散，促进人口空间格局的和谐与可持续发展，是地方政府面临的重大课题，也是解决核心区交通拥堵、地价房价飞涨等资源约束性问题的重要出路。各都市政府在不断尝试将旧城区的人口、产业向外迁移，并通过拆迁补偿、货币补贴等政策手段促进旧城区居住地段的更新，但这一过程中遇到的最大难题就是居民的意愿与政府的意愿相背离，除了留恋故居等原因之外，更重要的是都市外围的服务和设施水平偏低。按照人口推拉学说的理论，人口的迁移方向与迁移速度取决于对某些推拉力量的作用，而这些力量来自于迁出地和迁入地对人口的有利因素与不利因素之间的对比。的确，由北京等地的人口外迁实践来看，"有形之手"的调控遇到阻滞，其根本原因在于"无形之手"的反推力。而此处的"无形之手"即是迁出地的有利因素对人口的巨大拉力，以及迁入地的不利因素对人口的巨大推力，而这些均与都市空间上资源配置的不协调密切相关，尤其是公共服务设施在一些核心区的过度聚集，以及由此产生的外部经济与集聚经济效应，影响着居民的迁居意愿，也决定着城市社会空间格局的发展走向。因此，有必要深入研究增强迁入地拉力而减小其推力的制度路径，探寻促进大都市区空间上的公共服务与资源均衡的制度创新与改革模式，从而破解现今大都市的人口外迁与疏解难题，并对进一步的城市空间优化提供制度建议与政策出路。

（二）北京市公共资源与服务配置的空间均衡性分析：以教育资源为例

在城市系统中各子系统之间协调配合，有序互动，才能保障城市总系统的良好运作，保障其健康、可持续发展。城市各子系统中，系统自身力量和有形的公共政策力量共同作用，相辅相成，协同运作。在更多情况下，我们看到的是市场力的主导作用和城市系统自身运行规律的主导影响，政府的规划和政策需要更多地遵循城市自身运行规律，如果勉强逆势而行反而会适得其反。然而，在公共资源和服务子系统的运作中，政府和政策却可以占据更多的主动，通过教育、医疗、公共场所、交通、社会服务等的有效配置来引导城市中人口、产业、信息等资源的流动，政府可以在此方面大有作为，从而对整个城市的格局产生重要影响，以资源配置小动作撬动城市发展大格局。

公共资源、服务的空间配置均衡性分析可以辅助弄清其配置现状，了解配置中的弱点和过度密集点，为有效配置提供精确的指导。大都市核心区公共资源过度密集，而周边新城和郊区的公共资源配置水平长期低下，这是大都市核心区人口疏散缓慢阻滞的重要原因，也是大城市病产生或恶化的重要推力。教育资源过度聚集会导致某些城市空间的人口过度聚集、住房过度紧张、交通拥堵和污染累积等问题，因此在大都市空间内进行教育资源的均衡配置十分必要，这种均衡并不是资源在空间上的均匀分布，而是资源空间格局与人口空间格局的协调，若教育资源的空间分布与人口分布不协调，则会增加因教育而产生的交通量、因教育而产生的市内人口迁移量，以及因教育资源获得能力分化而带来的居住空间分化、城市社会空间对立等问题。

1. 研究方法。

（1）数据选取与标准化。选取研究所需的代表教育资源丰度的 m 个指标，分别计做 x_1，x_2，x_3，…，x_m。为了使各指标之间具备可比性，并保证指标值的大小与人口数量之间存在应有的直接关联，采用比重数值来进行分析，将 i 区域各指标的数值占总值的比重数值计做 x'_{i1}，x'_{i2}，x'_{i3}，…，x'_{im}，则 i 区域 j 指标的数值占总值的比重数值即为 x'_{ij}。

（2）复合指标。为了更全面地衡量教育资源配置状况，用因子分析法确立

权重，共同组成复合指标 y，

$$y_i = \sum_{j=1}^{m} w_j \times x'_{ij} \qquad 公式（1）$$

m 为选择的具体指标的个数，w_j 为 j 指标的权重，x_{ij} 为 i 区域 j 指标的数据 Z 标准化后的值。

（3）计算公式。协调度是判断系统协调状况的重要统计参数，在研究中常用的协调度计算包括距离协调度、隶属函数协调度和基尼系数方法计算的协调度等，其中，距离协调度更适合于本研究中的人口与资源在空间上的协调状况。距离协调度主要用于测量实际状态与理想状态之间的距离，用此判断其协调状况，在此把学龄人口的分布状况作为理想状态，对距离协调度进行修正，得到公共资源与人口的协调度计算公式，如下：

$$S = \cfrac{1}{\sqrt{\sum_{i=1}^{n} \left(x'_i - p_i \right)^2}} \qquad 公式（2）$$

S 表示协调度；n 为细分区域的个数；x'_i 表示第 i 个细分区域的公共资源配置量的标准化后的值，可以用多个公共资源配置指标综合而成的符合指标来计算；p_i 表示第 i 个细分区域的人口数标准化后的值，本文选用不同年龄段的近似学龄人口的比例来进行计算。

S 值越小，说明协调度越低，S 值越大则表示协调度越高。

2. 单指标分析。为了弄清楚北京市的基础教育资源分布状况，并判断其与学龄人口分布的协调情况，本书首先选取 2012~2013 学年各区县幼儿园、小学、中学的学校数、班数、教职工数和专任教师数等 14 个指标，将各北京市各区县的教育资源指标进行标准化。然后，根据北京市第六次人口普查各区县 1~4 岁、5~9 岁、10~12 岁年龄段的人口数字，推断各区县 2012 年 3~6 岁、7~12 岁和12~14 岁年龄的人口数，分别用于计算学龄人口与幼儿园、小学和中学资源的协调度。计算采用了受就学迁移前的数字，以期反映更真实的自然需求情况，但因没将 2 年间因其他原因产生的人口机械流动考虑进去，且年龄组与小学和中学的常见年龄有一些差别，为了减少因此产生的误差影响，分析中采用各区域学龄段人口占全北京市比例的数字进行计算，这一比例能相对准确地反映该学龄段人口在各县区的分布情况。幼儿园、小学、中学的学校数量、招生数量、教职工数量、专任教师数量与学龄人口分布协调度计算结果如表6-2。把标准化后的第一个指标值 x'_{i1} 和相对应的学龄段人口比例带入公式2，求出该指标所对应的协调度值S1，以此类推，得出 m 个指标的协调度值 S_1，S_2，…，S_m，并按照同样方式计算出2007年的协调度值，如表6-2。

表6-2　　　　　　北京市教育资源各指标与学龄人口的协调度

	学校		招生		学生数	教职工		专任教师	
	2012年	2007年	2012年	2007年	2012年	2012年	2007年	2012年	2007年
幼儿园	11.6 +	8.8	16.5 -	20.5	17.7	14.1 +	10.6	14.3 +	12.3
小学	10.7 +	10.2	17.7 +	17.5	18.6	14.5 -	15.3	16.6 +	19.9
中学	17.4 +	15.9	10.7 -	23.6	10.3	17.1 +	12.8	21.6 +	13.4

注：+ -表示相对于2007年增减的值。

资料来源：《北京市教育事业发展统计2012~2013》、《北京市教育事业发展统计2007~2008》；学龄人口数字来源于《北京市第六次人口普查资料》《2005年北京市1%人口抽样调查资料》。

协调度计算结果表明：各区县的幼儿园和小学的招生资源、在校学生数与学龄人口的协调度（均大于16）较高，说明大部分幼儿和小学生选择在本区就学，差距较大的区县主要是城市发展新区，比较突出的如大兴区和昌平区的3~6岁幼儿占全市比例为7.8%和9.6%，而幼儿园在园学生数仅为6.7%和5.9%，幼儿比例和在校比例的差值为1.1%和3.7%，各区县此差值总计为15%，这也能说明大约有15%以上的幼儿跨区就学。一些家长在幼儿园的选择上比较慎重，十分关注幼儿园的办学质量和信誉，再加上某些大型新建居住社区的幼儿园配备水平跟不上，存在一些携儿童到工作单位附近读幼儿园的现象。

各区县幼儿园、小学的学校数和教职工数量与学龄儿童的空间协调度不高，说明区县间生均占有的教学资源量差异较大，如大兴区拥有7.8%的适龄幼儿，幼儿园园所数和教职工数量仅占全市的4.5%，朝阳区拥有约17%的学龄儿童数和在园人数，却有22%左右的教职工数。这说明，在幼儿园和小学教育资源比较缺乏的城区空间，校所设置不足，常常通过扩大学校规模和招生数的方式解决就学问题，这种解决方法虽然能够缓解学位不足的问题，尽量保证学龄儿童能够就学，但必然导致生均教学资源少，教学质量不高，且单所学校招生范围过大，学生就学距离过远，易引发就学时的交通不便和不安全因素。

由于中学服务范围较大，数量较少，在追求公平分配的制度设计下，近些年较大程度上提升了外围城区的中学设施水平，全市的中学校所数量、教师规模等与学龄人口之间的协调度较高，即便如此，城区之间的中学教学质量仍有很大差距，西城、海淀等主城区的优质中学集中，很多家长仍然让子女到主城区的中学就读，这也使得中学招生和在校生分布与学龄人口的协调度较低，分别为10.7和10.3，各区县学龄人口比例和在校生比例的差值总和为29%，也即有至少3成以上的中学生因学位配置不协调而跨区就学。

与2007年的分析结果对比显示，2012年大部分教育资源指标与人口分布的协调度有所增加，尤其是2012年各阶段学校数量和学龄人口数量的协调度均有提高，幼儿园和中学的教师配置情况都较2007年有所均衡，与学龄人口的分布更加协调，小学的教职工配置协调性略有下降，专任教师配置的协调性下降较多。在招生方面，小学的招生数和学龄人口协调度没有显著变化，中学和幼儿园的招生数与学龄人口协调度有所下降，这与近年来郊区大型住区逐渐兴起，而教育设施配备不足、优质教育资源匮乏有关。

3. 复合指标分析与历史对比。为了更详细地了解学龄人口与相关教育资源在各区县的协调度情况，研究选取幼儿园、小学和中学的学校数、班数、招生数、教职工数和专任教师数等18个变量进行因子分析，运用因子分析的成分矩阵确定上述分析中各指标的权重，从而将教育资源的多个单一指标综合成一个复合的教育资源指标。本书选取贡献率达到98.8%前4个因子，其特征根和解释方差的结果如下表。

表6－3 前4个因子的特征值及其贡献率

主因子	特征值	方差的贡献率%	累积方差贡献率%
F1	15.680	87.109	87.109
F2	1.698	9.433	96.542
F3	0.284	1.577	98.119
F4	0.125	0.692	98.811

注：提取方法为主成分分析。

运用 spss 计算各指标对前 4 个因子的成分矩阵，将矩阵中每个指标对 4 个因子的系数汇总，即为权重系数，则第 j 个指标的权重计算公式为：$W_j = \sum\limits_{i=1}^{4}$

$A_{ij} / \sum\limits_{j=1}^{m} \sum\limits_{i=1}^{4} A_{ij}$，计算 18 个指标各自的权重，如下表 6-4 所示。

表 6-4　　　　　　　　各指标的成分矩阵与权重系数

	F1	F2	F3	F4	权重（%）
小学学校数	0.054	-0.182	1.498	0.461	6.03
小学班数	0.063	-0.041	-0.029	-0.214	5.28
小学招生数	0.063	-0.020	-0.031	0.221	5.79
小学教职工数	0.062	-0.036	0.269	-0.715	5.37
小学专任教师数	0.063	-0.032	0.153	-0.706	5.27
幼儿园园数	0.054	-0.248	-0.285	2.027	3.58
幼儿园班数	0.059	-0.215	-0.305	-0.131	2.67
入园人数	0.059	-0.196	-0.402	0.285	3.02
幼儿园教职工数	0.059	-0.184	-0.519	-0.749	2.24
幼儿园专任教师数	0.059	-0.200	-0.388	-0.814	2.21
中学学校数	0.063	-0.040	0.425	-0.083	6.07
高中及完中学校数	0.056	0.264	0.161	-0.546	7.75
中学班数	0.061	0.174	-0.123	0.065	7.25
高中班数	0.055	0.299	-0.075	0.369	8.25
初中招生数	0.063	0.101	-0.269	0.046	6.42
高中招生数	0.053	0.309	-0.298	0.898	8.22
中学教职工数	0.062	0.143	0.138	0.106	7.48
其中中学教师数	0.062	0.118	0.125	-0.138	7.09

运用公式 1 计算 2007 年和 2013 年各细分区域的复合指标 y_{2007} 和 y_{2013}，如下表 6-5。从 2013 年的复合指标的数值可以看出，朝阳区、海淀区的教育资源充沛，复合指标得分显著高于其他区，但这两个区的学龄人口数量也最多，为了排除学龄人口数量因素的影响，研究再计算复合指标与 0~14 岁人口数量的比值，从该比值的排序来看：丰台、昌平、朝阳、大兴四个区的教育资源比较匮乏，与这些区域的学龄人口数量不相协调；东城区、西城区的教育资源相对学龄人口有

大量盈余；延庆、平谷、密云、怀柔等区县由于人口稀疏，在较低利用效率的情境下配备了较多的教育资源，房山、石景山、海淀和门头沟、顺义的教育资源与 0～14 岁人口数量大致相适宜。

表 6－5　　　　　2013 年人口—教育资源协调度复合指标计算结果

	y_{2013}	$y_{2013} * 1\,000/14$ 岁以下人口数（万）
丰台区	0.074	3.38
昌平区	0.062	3.44
朝阳区	0.133	3.71
大兴区	0.061	4.04
通州区	0.063	5.12
顺义区	0.050	5.34
门头沟区	0.017	5.35
海淀区	0.171	5.40
石景山区	0.031	5.46
房山区	0.063	5.66
怀柔区	0.025	5.77
密云县	0.030	5.88
平谷区	0.028	6.49
延庆县	0.023	6.57
西城区	0.094	8.35
东城区	0.075	10.26

表 6－6　　　　　2007 年人口—教育资源协调度复合指标计算结果

	y_{2007}	$y_{2007} * 1\,000/0～14$ 岁人口（万）
石景山区	0.028	2.45
朝阳区	0.114	2.61
丰台区	0.075	2.72
密云县	0.036	2.90
大兴区	0.056	3.08
门头沟区	0.021	3.14
房山区	0.068	3.16

续表

	y_{2007}	$y_{2007} * 1\,000/0 \sim 14$ 岁人口（万）
海淀区	0.157	3.23
怀柔区	0.028	3.24
平谷区	0.039	3.28
顺义区	0.054	3.44
昌平区	0.053	3.69
延庆县	0.028	3.73
通州区	0.062	3.74
宣武区	0.034	4.09
崇文区	0.026	4.28
西城区	0.064	5.32
东城区	0.054	5.99

对比 y_{2007} 的区县排序也表明，六年前朝阳、丰台、石景山和密云的教育资源紧张，与人口分布很不协调，如今，石景山和密云的教育资源逐渐丰富，而昌平、大兴和通州的教育资源紧缺现象变得更加突出。用 y_{2013} 取代 x_i，代入公式2，计算出2013年的综合协调度 $S_{2013} = 11.4$，同样，根据北京市2007年的教育统计数字和各区县 $0 \sim 14$ 岁年龄段人口数计算出 $S_{2007} = 19.1$，这说明：虽然教育资源丰度在不断提高，但随着近年来北京市人口格局的快速变化，北京市的教育资源配套格局调整未能及时跟上，比较突出的是，人口快速增加的城市发展新区的教育投入力度仍然不足，全市的教育资源格局与学龄人口分布格局的整体协调性有所下降。

（三）影响人口—资源空间协调度的因素

1. 人口格局变动迅速，公共资源配置滞后于人口迁移。近年来，北京市城市化的步伐由中心向外围不断推进，新区和新城建设逐渐成为城市土地空间开发的主力，在这种背景下人口空间格局也急速变化，回龙观、天通苑等周边大型居住社区逐渐形成。然而，城市的各项管理与服务设施的格局并未及时随人口变化而调整，公共资源配置格局变化往往滞后于人口变化，很多新建城市空间都需要经历 $3 \sim 5$ 年甚至更长的基础设施与公共资源逐步完善期。在我国，基础设施先行的规划原则很少被严格执行，在城郊、新城等城市化推进的前沿区域，建设资金和规划远见等的缺失导致的基础设施与公共服务缺位现象十分常见，最终导致公共服务跟不上人口变动步伐，也因此，在开发区、新城等人口快速聚集的区域，常常出现人口与公共资源不协调的状况。

2. 教育资源分区县管理体制，优质教育过度聚集。以北京市为例，居民比较公认的15所重点小学①均集中在东城、西城和海淀区，其中海淀区6所、西城区5所、东城区4所。2002～2005年，北京市教委认定了74所示范性普通高中，其中东城区12所、西城区15所、海淀区11所、朝阳区7所、宣武区4所，其他城区均不超过3所。以上重点小学和师范中学的分布情况说明，北京市的优质教育资源过度集中于主城区，尤其是集中在西城、东城和海淀区。这种聚集现象使得不同城区的居民子女所能获得的优质教育资源机会不均等，也造成了大量因就学而产生的城区间移民和城区间通勤，从而加重了人口在主城区的过度聚集趋势，并给城市交通带来额外的压力。

针对名校、优质学校过度聚集在东城、西城等老城区的现象，北京市政府也尝试推动优质学校办分校来促进其他区县的教育品质提升，例如人大附中、中关村一小、北京小学等纷纷在新城区建设分校，这一模式有利提升了优质学校对周边城区中小学的带动作用，通过资源信息交流等方式提高分校的教学水平。然而，由于中小学教育资源采用各区县教育部门分管的体制，西城区的名校尽管在大兴区办了分校，但分校的各项事物，包括教师招收和工资水平等都是由大兴区教育部门来确定，另外，各区县教育投入不同，各区县的空间区位对人才吸引力也存在差异，这些原因使得分校与原校的办学水平悬殊。

3. 协调度信息获取滞后，反馈机制不够灵敏。现今城市教育资源配置管理中尚无畅通的信息获取途径，教育资源与学龄人口分布不协调的信息不能被快速识别。由于政府缺乏主动获取信息的渠道，现有信息的主要源头来自民意、舆论等被动途径。在这种被动途径下，教育资源与学龄人口分布不协调的信息需要在

---

① 公认的15所重点小学有：实验二小（西城）、中关村一小（海淀）、北师大附小（海淀）、中关村三小（海淀）、史家小学（东城）、育民小学（西城）、北京小学（西城）、府学小学（东城）、景山学校小学部（东城）、中关村二小（海淀）、人大附小（海淀）、育才学校小学部（西城）、黄城根小学（西城）、光明小学（东城）、北大附小（海淀）。

居民中产生不良影响，之后产生民意与舆论压力，之后信息才被传达至决策机构，政府等决策机构才能对信息做出处理，通过建立政策议程和制定政策方案的方式解决资源配置不协调的问题。如图6-7所示，完成这一被动途径的反馈活动需要经历6个环节，而且由居民生活不便到形成社会舆论再到各种舆论对政府施加影响的过程是十分漫长的，如果建立主动的信息采集系统，政府能够在城市空间和居民中主动地调取空间协调度信息，则可以跨越漫长的由居民向政府反馈的过程，大大缩短整个反馈环的长度，以保证资源与学龄人口不协调问题能够得到及时的解决。

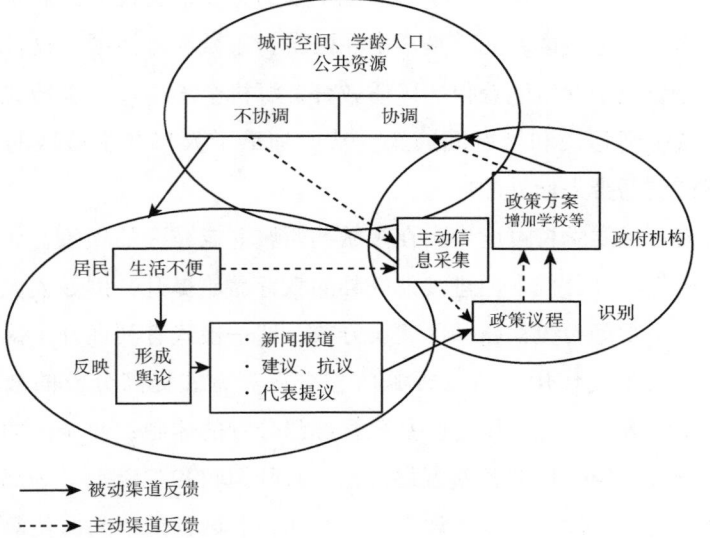

图6-7　学龄人口—公共资源被动协调与主动协调路径

（四）修正路径思考

总体来看，我国大都市居住人口与商服资源、学龄人口分布和教育资源的不协调问题比较显著，尤其在人口快速聚集的城市化前沿区域，这种不协调更为突出，并给城市运行和居民生活带来不便，成为困扰管理者和居民的重要问题。对于城市管理体系来说，有必要建立一个关于公共资源协调度的信息采集和反馈系统，并保证系统快速、通畅地运行，从而促进城市公共服务体系的信息化发展。

具体建立路径主要包括建立模型，完善数据库和日常采集管理三个核心模块，具体设想如下。

首先，通过教育、医疗等服务设施均等化强化新城和外围空间集聚力，促进空间正义的实现。以增长极理论来分析，超大城市中心和外围之间存在着极化过度、扩散不足的现象，中心城区作为增长极不断凝聚人口和各种资源，这种凝聚过程又加强其经济效益和集聚力，使得极化进一步发生。极化过程虽然也带来了拥挤、地价上升等不经济现象，其所引发的扩散力也带动了人口和资源的逐渐扩散，但集聚仍是主要力量。另一方面，超大城市中心区发展经历了长期的历史积淀，商务和休闲、文化空间成熟，生活、工作便利，因此仍然拥有强大的吸引力，在整个城市空间中具有很强的集聚优势，而郊区新中心生活品质不高，这正是造成中心城区人口过度聚集和外围中心吸引力不足的重要原因，也是影响大都市区空间正义实现的重要制约因素。因此，增强外围新城的集聚力最有效的途径便是加强外围中心的教育、医疗、休闲、文化设施建设，促进超大都市空间中各种商服活动设施的优化配置，改变原有的不均衡状态。

其次，确立人口与教育、医疗等公共资源协调配套模型。以教育为例，可在模型中纳入招生规模、师资水平、教学质量等数据体系，明确合理协调的人口与公共资源配套的量化关系，根据相关法规确定中小学的合理服务人口、恰当的空间距离半径和选址原则等。例如，根据《居住区规划设计规范 2002》和住建部颁布的《中小学校建筑设计规范 2012》要求，设定居住区教育设施中幼托的服务半径小于 300 米，小学的服务半径小于 500 米，初级中学的服务半径小于 1 000米，在中小学校的周边环境和选址方面，尽量保证学校远离噪音、危险源（主要教学用房与铁路路轨的距离不应小于 300 米，与高速路、地上轨道交通线或城市主干道的距离不应小于 80 米），同时满足相应的日照、绿地、运动场地等设计要求。

再次，建立人口与公共资源的空间数据库，完善城市公安部门的人口统计系统、教育部门的教育资源统计系统和数字城市、信息地图系统的对接。借助ARCGIS 等信息系统及其二次开发，通过缓冲区处理分析不同城区的公共资源服务半径情况，建立人口与医疗资源数据、学龄人口与教育资源数据、老年人口与养老资源数据等的协调度技术系统，自动计算协调度，每次更新基础数据后自动再次计算协调度，当出现显著不协调状况时能够快速、直观地显现出来。

最后，规范日常信息采集管理与运行保障。由专门人员或机构负责本系统的日常管理和运行，及时更新人口数据和公共资源空间数据，并对系统动态变化和协调度信息进行及时研判，快速提交明确的决策建议给决策部门，明确该在哪里建学校，增加学位、医疗设施或调整其他资源，从而保证公共资源与相应人口分布的动态协调。

第七章

"城市病"治理的具体对策与问题
导向式管理体制

一、针对不同"城市病"的人口疏散与多中心建设具体对策

进行人口疏散和城市多中心空间体系建设是本书的主要落脚点，通过上述关于"城市病"产生根源及大都市人口分布与聚集规律的分析探讨，对城市运行过程中常见的交通、住房、环境和城中村问题等"城市病"现象，需要采取以下具体治理对策。

（一）针对交通拥堵和长距离通勤问题的新城建设和多中心疏解对策

从城市建设的角度来看，城市空间发展格局和增长方式是交通流量及交通需求的决定性因素，建设新城和构建多中心城市空间格局也是解决市中心人口、交通过度拥挤的重要途径，但需注意的是，不完善的新城建设和不恰当的多中心格局不仅无法缓解交通拥堵问题，还会大幅增加交通流量、产生新的拥堵，甚至会致使中心区域的交通雪上加霜。

1. 重视新城综合功能的开发和完善，减少交通总量。长期以来，中国大都市所建设的新城往往功能相对单一（以居住、工业功能最为突出），在建设初期新城内各种配套设施很不完善，这必然导致大量居民前往主城上班、购物、就医、就学，频繁往来于主城和新城之间。新城与主城之间的交通流在城市交通总量中占据很大比重，重要的拥堵节点常常出现在新城和主城之间的交通通道上，

新城和主城之间的大量通勤人口还给公共交通系统带来巨大压力。因此，在建设新城时，需要重视新城综合功能的开发，促进职住平衡，快速培育新城的商业、教育、医疗和休闲中心，以满足居民基本的生活需求，从而降低新城和主城之间的交通流量。降低新城对外通勤联系的同时，加强新城内部的空间联系，促进新城内部产业功能的整合，创建有整体竞争力的外围中心，从而吸引人口、信息和资源聚集。

2. 减少无效交通和规划性拥挤，避免副中心之间的交通对中心产生"穿越"影响。按照与城市中心的空间关系可将交通线划分成环形、直径式、切线式等类型，不同类型的交通线对交通流的导向作用有很大差异。一般认为，围绕中心外围建设的环形交通线利于外围空间的连接，能适当缓解中心的交通压力，而通过市中心的直径式交通线由于会产生大量中转客流，容易增加中心城区的交通压力。实际建设中，由于城市某些方向上的快速交通通道匮乏，大量交通必须转战到核心交通站点（比如市中心），这种规划建设的不足必然增加交通总量，且造成一些节点上的交通拥堵，属于规划性拥堵。

随着大都市居住和产业的外迁，城市外围逐渐形成不同规模的人口聚集中心，并产生通往各个方向上的交通流，一般来说最主要是通往市中心的交通流，而城市所优先配置的交通也是通往市中心的，但副中心之间的联系必然存在且会随副中心的发展成熟而增强，由于缺乏副中心之间的快捷交通系统，经中心中转的交通量大幅增加，中心区在副中心之间的交通联系中存在"中介"效应，而副中心之间的交通则对中心产生"穿越"影响。因此，在副中心形成的同时应尽快完善各副中心之间的交通，推进外围新城之间的经济、交通联系，避免"穿越"效应对主城的干扰。

3. 积极发展新的多样化中心，促进主城功能有集中地疏散。创建多样化的副中心，将相近功能有集中地部署，有利于空间的集约利用，也有利于实现近距离日常联系，减少远距离通勤和工作联系，降低通勤总量。对于长三角、珠三角和京津冀都市区域来说，多样化的产业中心还需具备高度的创新性和竞争能力，才能有助于整个都市区竞争能力的提升，这些多样化中心需要具备的条件有：（1）有特色：体现为某一领域的中心，有特殊的功能；（2）有地位：在全市甚至全国具有一定知名度和地位，有较强竞争力；（3）有外部性：在此布局可以获得较高的外部收益；（4）有集中度：集中一类或多类功能的大部分企业与经济活动。

功能联系是多中心之间关联的主要内容，是增强大都市区域整体竞争力的重要保障。注重副中心多样性的同时，还需强调各级中心之间的功能联系，建设密切联系、相互协作的多中心，而不是松散的结合体，因为只有这样才能让多中心城市区域在全球竞争中保持优势，从而与其他全球大都市区域相抗衡。

4. 利用信息化引导生活方式和消费方式的转换。除提升副中心商服完善度之外，引导企业转变用工方式、引导居民转换生活方式和消费方式，也是减少交通流量的重要途径。其一，积极鼓励有条件的企业采取灵活的用工方式，推广居家办公形式，并给予完善的配套设施与鼓励性的政策；其二，在完善的自由配置条件下，积极引导居民就近消费、社区就医就学；其三，积极推进电子商务、快递物流、网络社区、网络政务的发展，引导居民生活和消费方式的转变，以降低出行频率和出行距离，从而降低交通总量。

（二）针对房价高涨和住房紧张的新城居住空间建设对策

如图 7-1 所示，一方面，住房供应结构难以适应伴随社会分异而产生的住房需求结构特征，导致住房供需在结构上的不协调；另一方面，由于都市区空间异质性突出，住房空间需求差异与土地资源固化的商品房土地供应也产生了严重的不协调。如图所示，上述两种不协调均加剧了大都市区住房紧张的局势，反而言之，对住房紧张问题的解决，需要从住房供应的多元化和空间供需的引导两方面着手。

1. 促进供应结构多元化，调节供需结构失衡问题。促进住房供应结构的多元化是解决住房结构性供需失衡的重要出路，这要求大都市区政府一方面在住房户型结构上通过行政或经济手段进行调节，促进满足大众需求的户型供应，另一方面通过住房供应模式的创新，提高政策性住房供应比例来更大程度上满足低收入群体的住房需求。近年来随住房调控政策效果的显现，国内城市住房价格有所下滑，未来调整政策转为适度鼓励购房时，需向低收入群体倾斜以避免高收入群

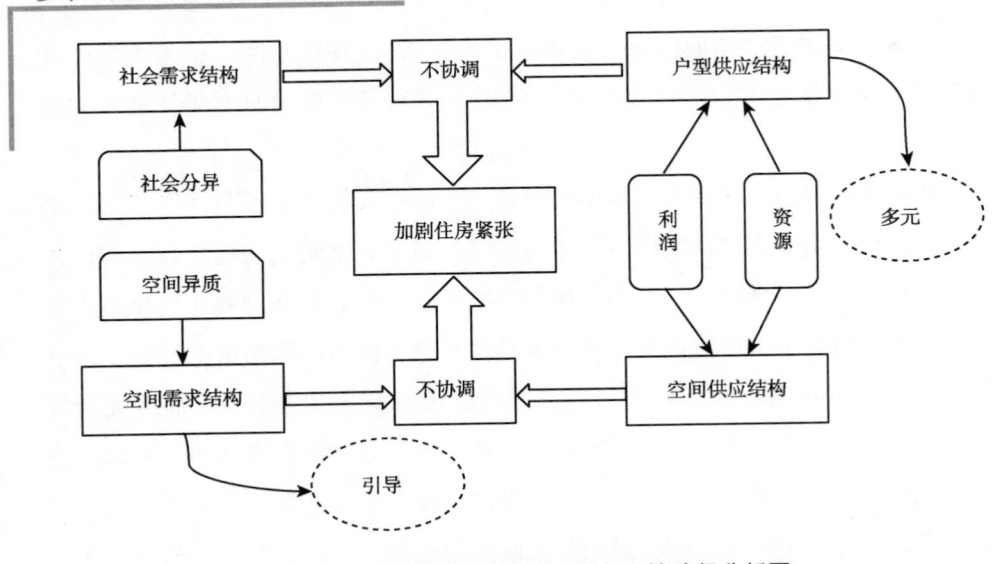

图7-1 住房紧张的主要根源与环境路径分析图

体的"炒房"行为,同时降低中间税费以促进商品房流动。

如今,我国的保障性住房建设尚处于初期阶段,相关法律法规和政府管理手段都不够完善,保障房建设中难免出现一些弊端。首先,在政府主导的保障房建设中,若交由开发商配建,易发生开发商抬高商品房的利润来平衡保障房部分的损失,或者在招投标中暗箱操作,在建设中出现设计低劣、偷工减料、配套设施不齐全等问题。其次,保障房住户为了提高生活品质,仍然会考虑购买商品房,而现有管理中缺乏完备有效的退出机制。因此,完善保障性住房的供应模式和法律法规体系属当务之急,一套完善、有效、有序运行的机制将对调节住房供需结构至关重要。

2. 多种方式引导空间需求,促进空间供需协调。如上所述,北京、上海等城市住房供需的空间失衡使得城市在某些空间上住房紧张局势更加严峻,由于土地资源的硬性限制,很难通过增加核心区的住房供应来解决这一矛盾,因此只能更多依靠政策和投资等措施引导住房需求向外围空间转移。

但是住房需求的空间引导绝不是简单地在城市核心区之外建设大型居住区域,这种形式也已经被实践证明会带来城市的长距离通勤、大运量交通和居民时间与精力的大量消耗等问题。有效的途径应是通过城市职能的疏散带动人口和居住需求的空间疏散,也即,城市政府通过城市空间结构的引导,促进城市就业空间的适当均衡化发展,是缓解住房空间失衡和核心区房价过高的重要出路,政府需要合理引导城市核心区的某些功能向外围疏散,促进集聚中心的多极化发展,从而促进产业和人口向外围新城有序扩散。

3. 提升外围空间的吸引力,促进住房供需的空间结构优化。如今,北京、上海等城市政府不断尝试将旧城区的人口、产业向外迁移,并通过拆迁补偿、货币补贴等政策手段促进旧城区居住地段的更新,从而解决中心城区住房过度紧张的问题。但这一过程中遇到的最大难题就是居民的意愿与政府的意愿相背离,除了留恋故居等原因之外,更重要的是都市外围的服务和设施水平偏低。按照人口推拉学说的理论,人口的迁移方向与迁移速度取决于对某些推拉力量的作用,而这些力量来自于迁出地和迁入地对人口的有利因素与不利因素之间的对比。

的确,由北京等地的人口外迁实践来看,"有形之手"的调控遇到阻滞,其根本原因在于"无形之手"的反推力。而此处的"无形之手"即是迁出地的有利因素对人口的巨大拉力,以及迁入地的不利因素对人口的巨大推力,而这些均与都市空间上资源配置的不均衡密切相关,尤其是公共服务设施的配置不均衡,以及由此产生的外部经济与集聚经济影响着居民的迁居意愿,也决定着城市社会空间格局的发展走向。因此,有必要深入研究增强迁入地拉力而减小其推力的制度路径,探寻促进大都市区空间上的公共服务与资源均衡的制度创新与改革模式,从而破解现今大都市的人口外迁与疏解难题,并对进一步的城市空间优化提供制度建议与政策出路。

4. 加快配套设施建设,促进新城居住空间的及时完善。新城住宅空间往往经历较长的时间才能趋于完善,这一过程必然带来一些空间的闲置与无序,对于城市空间资源来说是一种浪费。一般来说,新城住宅空间需要经历"兴建住宅"→"空置、混乱"→"完善配套"→"有序、繁荣"的发展过程,而且这一过程往往需要3~5年甚至10年才能完成,期间不仅浪费了空间、资源,还给购买者和居住者带来诸多不便,购物、医疗、教育、休闲等活动无法得到很好的满足,社会秩序和景观、空气质量也得不到保障。

对于现代城市居民来说,优越的配套不仅仅局限于市政管网、道路、医院、学校、超市、公园等基本设施，现代化的城市生活方式对空间配套提出了新的需求。综合性商业空间、娱乐休闲空间和 Wi－Fi 等现代化信息设施拓展了城市空间配套的内涵，这些新型的配套对于超大城市的主流群体来说非常重要。

（三）针对环境污染加剧的新城建成空间与生态廊道配合策略

环境污染的区域性特征十分突出，尤其大气污染无法单靠某一城市来实现治理，但是制定生态友好的城市政策仍能有利于环境的改善和污染的缓解，尤其有助于形成尊重环境的城市文化。

1. 严格保护土地，划定城市增长边界。城市和建成区域扩张逐渐侵占耕地、破坏自然生态的问题属世界性难题，设定城市边界的做法曾被国外一些城市所尝试，也有学者提出设置严格边界无法达成显著的保护效果，因为城市建设过程中难免会不断打破边界，形成"划定边界—打破—重新划定边界—再打破"的循环过程。即便如此，仍然不能放弃这种保护土地的途径，近年来随着中国城市化进程的加速，城市建设对耕地和自然生态的破坏十分严重，城市周边的违规开山建设、邻水建设、农田小产权房等层出不穷，近几年，北京主城疏散政策和京津冀一体化的交通通道建设又引发了这一区域的大规模地产开发，临近首都第二机场、大七环、沿海区域和其他主要交通线的土地被大量侵占，大面积耕地和山体、水滨等被建成房产。总体来看，土地开发对政府和开发商有强大吸引力，却缺乏完整、有力的区域土地使用制约，尤其经济发展水平较低的区域政府更希望通过开发带来经济增长或吸引经济要素，因此，划定城市增长边界可以比较有效地遏制土地滥用的行为，尤其有助于保护生态脆弱的山体、水体和滨水湿地环境。

2. 保护城市生态安全格局，坚守城市扩张的生态底线。城市生态系统是城市赖以存在的基质，为城市经济社会活动提供重要支撑，并能供给能源、资源，调节城市气候，改善城市面貌，并承载特定的历史文化内涵。城市增长过程中常常会侵吞部分自然景观，甚至大规模改变城市生态系统，严重则造成生态服务能力下降和生态系统紊乱，进而诱发大气、水环境污染等"城市病"。城市生态环境的条件决定了必须优先保护一些关键性的生态系统服务，包括水文调节、气候调节、水资源供给、生物多样性保护、文化审美与启智等，维护这些基本生态服务的安全格局，就是城市发展的生态底线。在城市建设中，保护城市生态安全格局十分重要，基于生态系统的景观格局过程机理，根据不同城市生态的自然特征，构建科学合理的城市空间发展格局，提升生态保护的效率和土地集约性，从而在土地资源有限的情况下最大程度地保护城市生态安全。

3. 建立优先开发地区，以生态廊道为基质规划新城与副中心。

如今北京、上海等城市的中心区地价高昂，城市政府也很少将地块细分成极小的地块出让，因此中心城区土地开发成本巨大，而城郊地价低廉。另一方面，城市中心的很多地块会涉及部分拆迁空间，而拆迁补偿标准和拆迁成本不断增长。因此，除资金雄厚的大开发商外，普通开发商更愿意开发较外围的农地而不是城市内闲置的小片土地，外围开发过程也是零碎推进，而非在统一规划基础上整体推进，这样必然会继续形成大量破碎地块，缺乏严格制约的开发也会不断侵蚀生态廊道。

有效的解决方案是根据生态、交通和土地的统一规划部署，在恰当的空间确立优先开发地区，引导空间整体有序开发。采取鼓励措施，有序推进城市内空闲用地和郊区快速开发中形成的闲置空间的开发。以生态廊道为基质规划新城与副中心，优先开发地区和新城空间的选择应确保不侵占生态廊道，保证城市绿化系统的完整性，确保城市绿化、水体等发挥最佳的生态效应。

（四）针对"城中村"改造的城乡社会融合策略

本书在第二章的分析可见，在城市化空间推进过程中，城市建成区域逐渐扩大，并不断包围边缘的村庄，城市边缘区成为城中村孕育和产生的主要空间，城中村的发展演变过程与快速城市化进程中城市空间的拓展密切相关，因此，构建良好的城市拓展模式和恰当的城中村空间治理策略，是减少城中村问题、促进城乡有序协调的重要途径。主要可考虑如下几点。

1. "城中村"是一种自然存在，无需"消灭"，应根据情况分类治理。城中村低廉的租金和生活成本，使得低收入者和一些事业刚起步者能有一个安身立命之所，因此降低了城市进入门槛，增强了城市的包容性，在某种程度上甚至增加了城市的活力。各种各样的人汇聚于现代城市,通过纷繁复杂的方式支撑着城市系统的运行,并构成丰富多彩的城市空间,雅各布曾指出"多样性是城市的天性",芒福德也认为,"城市复杂的现状环境反映了人类行为以及深层次(如心理、精神方面)的复杂需求,体现了城市的文化价值"。而城中村的不当改造形式也会加剧空间剥夺,因此,有必要正视城中村存在的客观性,遵循城市发展的自然更新规律,给城中村以自我生存的空间,切忌以拆代治,而需分类治理。

2. 基于原有建成框架的空间改造。对于自给自足型城中村,村民能在现有格局下找到合适的生存方式,房子租金较高,大量居民不愿拆迁。这类城中村不宜强制拆迁,如果其存在没阻碍城市核心功能的发展,即可通过基础设施升级、管理优化、政策引导的方式进行改造,改善卫生条件,提升居住生活品质,完善配套服务。通过内部景观改良、建筑外观优化、公共空间改造的方式,促进城中村居住生活环境质量的提升,或者通过部分建筑拆除和新建的方式推进城中村的小规模、渐进式更新。政府公开性的投资和兴建活动不仅能是村落原貌大幅改观,还能给居民以美好的未来预期,从而吸引小规模的私人投资和个人修缮,激发城中村改造的多元力量参与。

3. 积极推进原地安置和就近安置。大量老旧住宅和城中村的居住者有较强烈的恋地情结(Topophilia),久居的城中村深深烙印在他们心底,居民将城中村视作故土、故居,习惯了村内的生活和村庄的空间,对村中和周边的环境形成了情感依附,以至于不愿离开、抗拒离开。因此,在不得已必须拆迁的政策情境下,采取原地安置和就近安置的政策能够较好安抚村民和居住者的情感,更有利于营造有归属的社区氛围,争取更大范围的居民认同。

4. 理清土地权属关系,完善管理体制。拆迁并不是根治城中村问题的唯一法宝,拆迁所带来的拆迁安置、安置房管理、拆迁小区管理等后续问题也依然困扰众多城中村的管理者。加强管理和理清权属关系是规范城中村空间的重要手段,在城中村治理和改造的任何时期都非常关键。对以村舍的原态存在的城中村,需要明确其土地和建筑空间等的权属关系、规范自建行为、完善村内卫生和社会服务;对于待改造和改造中的城中村,需要确立政府主导的模式、规范改造主体的行为、制定完善的相关政策,确立合理的补偿机制;对于改造后的城中村或拆迁后的安置房社区，需要根据居民的习俗、经济水平、职业特点、文化特征等确立恰当有效的管理模式，与物业、居委会、居民沟通协调，实现多元协同治理，并提高居民自治的积极性。

5. 通过空间规划，约束城市增长方向，预留乡村与农业发展空间。城市选择恰当的增长廊道、副中心，避免大规模包围乡村，不仅可以促进乡村空间的永续发展，减少城市增长对乡村景观和生活方式的破坏，还有利于城乡关系的优化，通过城乡景观参差和经济活动互补来构建良好的城乡关系。早在霍华德所设计的田园城市图景中，就提出了城市、新城和乡村和谐共存的空间关系，虽然现代城市规模已膨胀的无法适用田园城市模式，但田园城市的城乡共存思想仍然值得借鉴。在大都市发展和演进过程中，可以通过规划和政策制约城市无序蔓延，适当控制城市规模，并根据生态和交通廊道来规划城市增长方向，给农业和农村发展预留宝贵空间。在处理农业、农村用地与城市用地的关系时，需改变原有的农村服从城市的思路，建立平等的城乡关系，更加尊重农村的存在和发展，尊重农业和农地的发展。

6. 通过逐级疏散，推动超大城市与区域空间的协调，从而实现城乡一体的新型工农城乡关系。中共十八届三中全会指出，"必须健全体制机制，形成以工促农、以城带乡、工农互惠、城乡一体的新型工农城乡关系，让广大农民平等参与现代化进程、共同分享现代化成果。"作为城市化发展的先锋区域，北京、上海等超大城市空间更应在城乡一体化发展中起到表率作用。而事实上，城乡一体的发展路径也是超大城市空间疏解的重要出路。由于我国地区收入差异长期存在，人口资源因此持续流动且向报酬较高的超大城市聚集，从而加剧了超大城市的人口聚集。只有通过投资、政策引导等方式促进低收入地区的要素报酬，增加这些地区的人民收入，才能从根本上缓解由收入差异所带来的人口过度流动，并保障人口在集聚经济和资源配置引导下的适度、有序迁移。政府宜采用增加投资、完善设施、政策优惠、产业园区建设等方式，逐渐培育新城和远郊镇增长中心，形成主城—新城—外围镇的疏散梯度。另外，超大城市还需跳出城市的局限，将自身发展与区域发展结合在一起，例如上海与长三角、北京与环渤海结合在一起，通过对区域的扩散和反哺促进自身功能结构的升级，通过城市与区域的协调带动整个区域的城乡关系协调。

从政策分析的视角来看,单独地解决三个政策问题不如三个政策问题一起解决更容易实现。公共服务均等化、城乡一体化、新型城镇化都是党的十八大以来政府非常关注的问题,而在北京、上海等超大城市空间发展中,这三个问题相互影响并纠结在一起,共同影响制约着都市区的发展和市民的工作、生活,因此政府在规划和管理中可以将三个问题合并考虑,通过公共服务的空间均等化、主城 – 新城 – 乡村的功能一体化促进超大都市空间的协调发展,从而推进城乡一体发展的新型工农城乡关系的建立,促进新城城镇化的实现。

二、建立针对"城市病"的问题导向式公共管理体制

在城市学科领域,学术研究偏好实证问题的探索,重视社会经济发展机理的挖掘。在公共管理领域,传统的政府理论往往注重从应然的角度对政府问题进行规范分析,却忽视了实然角度的经验研究,容易产生理论与实践"两张皮"的现象。而事实上,现实社会经济问题的解决离不开公共管理政策的治理或引导,政府管理也不可或缺对问题的深入分析,因此两者的融合与互补不仅可以促进现实问题解决的体制路径搜寻,还能从实践角度为公共管理革新找到方向,具有很强的理论意义和实践价值。公共管理与城市规划管理的交叉研究是管理学科和城市学科发展的新趋势,从现阶段的进展境况看,学科交叉融合已受到充分关注,城市公共管理的实践探索及理论发展也随城市化的深入而不断丰富,但仍需要深究的是,如何从公共管理体制内找到解决城市社会经济问题的突破点。本书拟从问题导向管理的角度,以"城市病"治理中的问题导向公共管理模式为切入点,尝试探寻城市问题解决中的公共管理体制创新路径。

(一)"城市病"与公共管理

在城市空间与城郊、乡村的力量悬殊日渐增长的 21 世纪,我国大城市的交通拥堵、住房紧张、环境污染、资源紧张、城市贫困等问题也愈显突出,这些问题被学者们形象地称为"城市病",以隐喻城市系统的运行障碍和结构性缺陷。

问题的彰显引发学术界和管理者们的担忧和关注，各类研究和管理活动密集呈现，中国社科院的《国际城市发展报告2012》指出我国大城市"城市病"步入集中爆发期，国家发展改革委和北京、上海、广州、香港等城市的地方政府机构也纷纷组织专家会诊"城市病"，国家社科基金、北京市哲学社会科学基金等科研管理机构通过资助课题方式鼓励"城市病"的相关研究。

"城市病"使得城市系统运行效率降低，并给城市生产和生活带来成本增加、健康受损和心理焦虑等负面影响，这种负外部性累及各行业各部门，从而降低城市空间的竞争优势、引发城市系统的结构性失衡和缺陷，也因此成为政府管理的难点和核心领域。针对"城市病"展开广泛调查研究和治理成为公共机构提供的一项重要服务，预见、剖析城市问题并纠偏、疏解城市问题是公共管理的核心工作之一，针对"城市病"的政策法规也是政府供应的重要公共物品。北京、上海等各地政府通过交通限行、机动车号牌管制等方针、政策和具体策略应对污染、拥堵等城市问题，通过廉租房、低收入补助等社会保障政策整合阶层利益、缓解城市贫困问题。

"城市病"的产生、发展和演变过程对政府治理和政策措施的实施十分敏感，因此缓解"城市病"应作为城市政府和领导工作的重要核心，受到充分重视。优秀的政府规划管理将在很大程度上缓解"城市病"，有效的公共管理体制将有助于快速找到"病因"和及时给出"诊疗方案"，从而促进城市系统的有序运行。然而，从中国大都市"城市病"的发展态势来看，不仅市场机制所发挥的调节作用有限，政府的政策调控效果仍然不十分理想。城市问题是城市有机体运行不良的表征，与城市的政治、经济、社会、生态等各子系统都密切相关，具有高度复杂性、政策依赖性和强外部效应，其解决不能仅靠企业、个人等微观市场力量的作用，必须依靠政府的引导与政策工具的调控，尤其需要从公共管理体制改革中获取实质性进展。

（二）问题导向式公共管理体制创新

如果说政府体制是对时代问题的回应，那么具体的管理模式该是对具体社会经济问题的回应，而作为解决社会经济现实问题的主体，我国公共管理体系却仍以框架式管理为主，并未确立问题导向式的体制，因此在城市问题治理中呈现出多层面的失调。在我国现行政府管理工作中，框架导向式管理和领导占主体地位，管理工作一般按照工作性质和对象划分的条条框框而展开。例如，某市各副市长分管工作往往根据经济、社会、治安、环境等行业进行划分，其中，主持经济工作的副市长往往分管城乡建设、交通、国土资源和房屋管理、规划、市政、国资、金融等内容，主管规划工作的某位厅、局领导负责市政、公用事业、行政执法、招商引资工作。这种框架导向式领导能够将领导工作进行细致划分，且框架体系较为严密，保证了领导工作的严密性和系统性。但是，框架导向式管理往往对各部门、各对象平等对待，领导和管理人员的精力和内容均衡分配，因此难以突出重点，在处理一些关键性问题时针对性不足。

问题导向的管理理论是管理学发展的一个新方向，且在国内外企业管理实践中发挥重要作用。问题，常被界定为现状和应该状态之间的差距，而管理和领导的目的就是缩小这一差距。问题管理是在问题的基础上优化管理，是在挖掘问题的基础上，合适地表达问题，正确地解决问题，以此来防范问题演化为危机。学术研究和学科建设中的问题导向也已引起较为广泛的重视，而政府管理、尤其城市管理领域的问题导向仍鲜有关注。社会科学研究的要务是基础理论创新与围绕资政解决现实问题并举，因此必然要求问题导向的引导，前瞻性地解析"问题单"。赵作权也指出，中国地球科学前沿基本上以学科发展为主，以社会需求为辅，具有明显的学科导向性，因学科分割而破碎化，缺乏系统整体性和问题导向的发展。也有学者通过对多样的城市问题的分析入手，提出问题导向式的城市规划和设计方案；徐明还指出，相对于目标导向方法，问题导向的城市设计方法更适用于经济欠发达地区。但这些仅限于政策方案制定环节，针对公共管理和公共政策的更深入的问题导向研究还比较欠缺，尚待深入。

（三）"城市病"治理亟须问题导向式管理

我国现行的管理模式尚不适应"城市病"的发展境况，政府对"城市病"的治理也因此受到领导模式的束缚和制约。将问题导向的管理和领导体制引入政府管理工作，是"城市病"治理的希望所在和关键所在。

1. "城市病"产生机理的特殊性和发展演变的阶段性，决定了领导工作需要重点突出，且需要阶段性地转换工作重点。"城市病"与社会发展阶段和城市化进程密切相关，周加来（2004）指出"城市病"是一国城市化尚未完全实现的阶段中，因社会经济的发展和城市化进程的加快，由于城市系统存在缺陷而影响城市系统整体性运动所导致的对社会经济的负面效应。在不同的社会发展阶段和城市化阶段，城市所面临的主要问题也不同，在城市化初期，城市的主要问题是集聚能力不足和基础设施水平低下，而城市化中期则可能面临比较严重的重工业污染等问题，城市化发展后期则面临更为严重的住房紧张等集聚不经济问题，基础设施不足等问题是阶段性的，污染等问题则可能伴随城市发展的整个过程，因此政府领导工作的核心也应随城市问题的特征发生转变，并针对不同问题的特征做出适应情境的反应。

2. 突发"城市病"所引发的高风险、高压力情境，需公共管理系统快速反应，阶段性围绕特定问题中心开展治理工作。"城市病"表现为城市发展中的各种复杂问题，而突发城市环境事件等问题给相关政府领导带来骤增的工作内容。以城市环境污染管理为例，突发的污染物泄漏将引发严重的民众安全威胁，且影响范围宽广，问题情境变化迅速，消极被动的处理模式必将招致污染扩散域加大、居民健康损害严重和社会经济损失增多等问题。针对污染性项目建设的群体性事件，往往因沟通不畅和民意未得到重视而萌发，因疏通不及时和矛盾化解失败而膨胀，处理不当将会危及社会经济的正常运行秩序。因此，围绕环境问题的公共管理快速反应体系十分关键，政府还需要对不同发展阶段的城市问题进行预估，并依此确立阶段性的问题中心，以及相关的公共管理应急体系。

3. 某些愈演愈烈的"城市病"亟须领导和管理方式的转变。环境污染、交通拥堵等城市问题长期伴随着我国城市建设过程，并在新世纪呈现越来越严重的态势，尽管各地城市政府纷纷出台各类对策，但问题并未得到有效解决，北京、上海等城市的机动车限行和限号牌政策即便严厉却未根本改变拥堵的状况，生态环境日渐受到重视却难抵雾霾的侵害，此类随经济社会发展而更加突出的"城市病"需要更深入、综合的问题分析、治理模式，也亟须政府管理和领导思路的创新和问题导向的推进。面临某些城市问题难以解决甚至愈加严重的情境，公共管理者须从问题的界定、根源开展分析，除关注市场机制、外部要素作用之外，更需从管理体制自身出发，挖掘体制内部的障碍与约束，尝试从公共管理方式革新角度缓解"城市病"。

（四）问题导向式公共管理策略

问题导向式的公共管理模式应需要对管理的各个环节进行革新，是一项相对长期和系统的工程。首先需要确立以问题为中心的管理体系，围绕城市问题确立公共组织协调工作，以解决问题为目标引导城市管理过程，以问题为中心确立日常管理工作任务，并把公共组织的考核、评估和问题治理效果相结合。

1. 需要确立以问题为中心的管理和公共领导体系，合作开展"城市病"治理工作。我国现代大都市的"城市病"产生根源十分复杂，主要源自人口过度集聚带来的资源供需失衡，社会失衡与社会管理欠缺，以及体制、规划失当和权力分配失衡等。若要解决城市发展中的相关问题，必然需要规划、国土、环保、市政，以及社会保障等各政府部门的协作治理，因此，在面对具体问题时，建立以问题为中心的领导协调体系十分必要，一方面在管理中需加强各相关部门的沟通和协作，另一方面还需明确权责关系，避免权责不清带来相互推诿责任的局面。政府领导和公共管理过程中还需要认真分析和界定问题，将问题划分成关键问题、显著问题、被忽视的问题和难解决的问题，抑或按照问题的系统性特征划分为固有问题（例如污染、拥堵）、急性问题（例如突发环境事件），根据问题的特性建立不同层级的管理和领导协作体系，有针对性地进行治理。

2. 构建问题驱动的目标体系。在地方城市管理和领导活动中，框架—目标导向的管理模式属于主流模式，政府领导和各部门的管理工作往往围绕各项框架性的目标、指标展开。由于城市发展的影响要素纷繁复杂，大量不确定性因素和突发情景都可能使城市系统运行偏离原有轨道，因此建立在前景预测基础上的目标、指标往往与现实有较大偏差。问题管理理论认为，问题可以定义为实际状况与应该的状况之间的差距，不应定义为现状与目标的差距。问题驱动的目标体系指导下，即便目标不准确不清晰，依然可以根据实际状况和应该状况之间的差距确立行动方向。例如，在对城市未来的规划中，未必需要建立多么详细的经济目标体系，更关键的是明确现有城市发展状态和有序状态的差距，建立环境、经济、社会等各方面的偏差指标体系，以缩小偏差为目标组织领导和管理工作。

公共管理的公共利益目标导向已经十分明确，且得到各方认可，而问题驱动的目标体系与公共利益目标导向并不矛盾，二者是相互促进和共生协同的关系。公共组织和政府的本质决定了其必须以实现公共利益为目标，而在实现公共利益的过程中需要阶段性地跨越某些障碍、克服某些约束，这些障碍和约束常以社会经济问题和"城市病"等形式出现，解决这些问题成为实现公共管理总目标的阶段性目标，成为一定历史时期内各级政府需关注的核心任务。与未来情境中的目标指标相比，现实情境中的阶段性目标更具体、更易把握，因此，公共管理需以问题目标为导向、通过问题目标的不断解决达成增进公共利益的总目标。

3. 运用以问题为中心的分析模式。在《公共政策导论》一书中，邓恩确立了以问题为中心的政策分析方法，以政策问题的主线贯穿整个政策过程，为公共管理中政策分析的理论与实践结合奠定了方法论基础。"城市病"是典型的问题类管理对象，更需要公共管理者以问题为中心展开对现实管理情境的分析，并在问题分析基础上组织各项工作、出台各类政策。

以问题为中心的分析模式要求领导者具备科学的问题思维模式，除了具备问题意识，还需要建立问题发掘、问题分析、未来预测、解决问题和防范问题的分析范式（见图7-2）。以问题为中心的分析模式需要首先从城市管理情境中发现问题，并针对发现的问题深入分析其类别、内涵、根源和发展脉络，在事实基础上采用科学方法对问题情境和未来进行判断，从而确立恰当的政策对策和实施举措以解决问题。其中，发掘问题非常重要，"城市病"也有显性和隐性之分，有些看似普通的隐性问题却可能诱发城市系统的重大缺陷，因此管理和领导过程中需要加强对问题的发现和搜寻，确立问题发现机制和合法程序，以便在城市系统运行过程中及时发现问题。在问题根源的分析过程中，挖掘所涉及的体制、管理问题，进一步推动领导和管理机制的革新，具体方法可借鉴政策分析中的边界分析法、层次分析法和原因探析中常用的鱼骨图法等方法。问题导向式策略的本质是"以点带面"，因此，在解决问题环节，正确的把握好点与面的关系非常重要，实践证明，"面上稳定，点上提高"不失为一种有效的问题解决模式。优秀领导的关键还在于对问题的防范上，因此，以问题为中心的分析模式还有重要一环，即从问题分析中总结归纳出防范问题的管理方案。

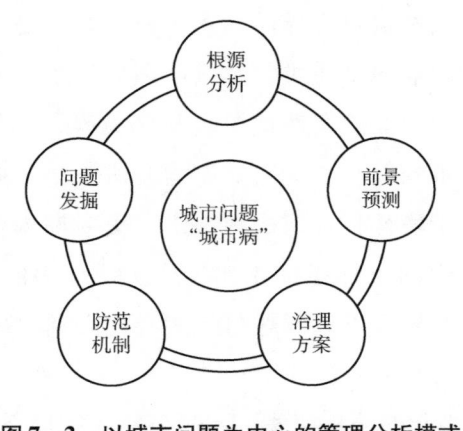

图 7-2　以城市问题为中心的管理分析模式

4. 完善问题评估与考核机制。评估是公共管理过程中的关键环节之一，甚至决定着基层组织对于管理目标的确定和管理机制的运行，也因此引发了不少学者对公共管理价值与伦理的讨论。正如邓恩所述，评估有助于价值的澄清和评判、该价值支撑目标和目的的选择[134]。因此，为实现问题驱动的管理目标，需要确立问题评估和考核机制，这是保证问题导向式管理和领导有序运行的重要环节，也是激励领导工作围绕问题展开、重视问题解决路径选择和问题解决效果提升的重要制度工具。公共管理中对于各部门和分管领导的考核需遵循问题导向，也即关注其所负责的问题的解决程度，也即应该状态与现实状态的差距缩小程度，并把问题治理效果纳入考核体系。例如污染问题，以污染治理面积、污染降低比例、与正常检测值之间的差距缩小程度等指标作为评估和绩效考核标准，促进各级领导和管理机构积极总结经验、提供问题治理效果。

目前，关于问题导向式管理的研究尚处于起步阶段，公共管理的问题导向模式研究尤需拓展。"城市病"作为政府需关注的核心治理领域，其问题特征突出，应作为问题导向式公共管理研究的先导领域，值得城市学科和管理学科共同关注。"城市病"的本质特征与发展趋势决定了其对问题导向式公共管理的需求，后续研究更应深入探讨问题导向的目标体系、分析模式、考核机制的具体操作细节，促进管理模式的整体框架的完善。确立问题导向式的"城市病"管理模式还需要学术探索与政府管理实践的结合，也需各级城市政府体制创新步伐的加快。

结　语

　　"城市病"问题是一个涵盖领域很大的概念，所涉及历史跨度也非常漫长，自现代城市建设以来，"城市病"一直困扰城市建设和市民生活，并成为政府管理和学者研究的重要课题。如今，现代城市系统呈现出显著的复杂性和开放性，"城市病"也更加多样，拥堵、污染、住房紧张、贫困等问题相互影响、交织。因此，课题组虽然尽了很大努力，但并未能面面俱到，也未能提供彻底解决"城市病"的根治路径，仅仅从多中心城市空间建设和人口疏散的视角，探讨了中国现有大都市多中心体系的建设现状与前景，提出针对城市病治理的多中心建设建议和具体对策。一方面，能力所限，研究粗浅；另一方面，大气污染等问题并非某一城市或小区域能够解决，还有赖于国家经济发展方式的转变和环境治理能力的提升。即便如此，作为单一城市或都市区域，仍可在自我能力所及范围内通过人口、经济空间格局调整来适度缓解问题，通过多中心空间体系的合理建设来提升城市运行效率和城市生活品质。

　　本书为国际关系学院中央高校基本科研业务费专项资金资助出版（项目编号：3262017T03）、国家社科基金青年项目资助研究成果（项目编号：12CRK022）。

参 考 文 献

［1］乔尔·科特金著、王旭等译：《全球城市史》，社会科学文献出版社
2010 年版。

［2］刘易斯·芒福德：《城市发展史》，中国建筑工业出版社 2005 年版。

［3］王文元：《主要发达国家城市问题的产生和发展》，载于《城市问题》
1989 年第 4 期。

［4］张秋蕾：《环境保护部通报上半年全国环境质量状况》，载于《中国环
境报》2013 年 8 月 5 日。

［5］北京市交通委：《2011 年北京市交通发展年度报告》。

［6］周加来：《"城市病"的界定、规律与防治》，载于《中国城市经济》
2004 年第 2 期。

［7］吴祖宜：《现代城市病与城市规划》，载于《西北建筑工程学院学报
（自然科学版）》1999 年第 1 期。

［8］段小梅：《城市规模与"城市病"》，载于《中国人口·资源与环境》
2001 年第 4 期。

［9］任致远：《城市问题的辩证思考》，载于《城市发展研究》2004 年第
5 期。

［10］王桂新：《中国"大城市病"预防及其治理》，载于《南京社会科学》
2011 年第 12 期。

［11］张晖明、温娜：《城市系统的复杂性与"城市病"的治理》，载于《上
海经济研究》2000 年第 5 期。

［12］刘富钊：《"城市病"症候群》，载于《中国经济和信息化》2010 年第

11 期。

[13] 徐传谌、秦海林：《城市经济可持续发展研究："城市病"的经济学分析》，载于《税务与经济》2007 年第 2 期。

[14] 吴祖宜：《现代城市病与城市规划》，载于《西北建筑工程学院学报（自然科学版）》1999 年第 1 期。

[15] 林家彬：《我国"城市病"的体制性成因与对策研究》，载于《城市规划学刊》2012 年第 3 期。

[16] 房亚明：《"城市病"、贫富分化与集权制的限度：资源分布格局的政治之维》，载于《湖北行政学院学报》2011 年第 4 期。

[17] 张虎林：《"逆城市化"现象对我国"城市病"防治的价值研究》，载于《社科纵横》2004 年第 6 期。

[18] 石忆邵：《城市规模与"城市病"思辩》，载于《城市规划汇刊》1998 年第 5 期。

[19] 段小梅：《城市规划与"城市病"探讨》，载于《城市开发》2001 年第 4 期。

[20] 陈忠：《城市启蒙与城市辩证法：再论城市哲学的建构》，载于《河北学刊》2012 年第 5 期。

[21] 乔尔·科特金著、王旭等译：《全球城市史》，社会科学文献出版社2010 年版。

[22] 陆化普、王长君、陆洋：《城市交通拥堵机理与对策》，中国建筑工业出版社 2014 年版。

[23] 宋博、赵民：《论城市规模与交通拥堵的关联性及其政策意义》，载于《城市规划》2011 年第 6 期。

[24] 谢旭轩、张世秋、易如、吴丹、黄德生：《北京市交通拥堵的社会成本分析》，载于《中国人口·资源与环境》2011 年第 1 期。

[25] 张智勇、陈来荣、张岚：《交通拥堵收费研究》，人民交通出版社 2014 年版。

[26] 杨建云：《1998 年世界各国汽车保有量》，载于《汽车工业研究》

2001 年第 4 期。

　　[27] 刘继孚、刘莹、余柳：《对中国大城市交通拥堵问题的认识》，载于《城市交通》2011 年第 9 期。

　　[28] 恩格斯：《英国工人阶级状况》，选自《马克思恩格斯全集》第二卷，人民出版社 1957 年版。

　　[29] 彭震伟：《改革城乡土地制度，统筹解决农民工住房问题》，载于《城市规划》2012 年第 36 期。

　　[30] 朱东风、吴立群：《半城市化中的农民工住房问题与对策思考——以江苏省为例》，载于《现代城市研究》2011 年第 8 期。

　　[31] 阳作军：《杭州解决城市农民工住房问题的思考与探索》，载于《城市规划》第 36 期。

　　[32] 赵秀池：《北京市优质公共资源配置与人口疏解研究》，载于《人口研究》2011 年第 35 期。

　　[33] 徐祥德、丁国安、卞林根：《北京城市大气环境污染机理与调控原理》，载于《应用气象学报》2006 年第 6 期。

　　[34] 李令军、王英、李金香、辛连忠、金军：《2000～2010 北京大气重污染研究》，载于《中国环境科学》2012 年第 1 期。

　　[35] 王跃思、张军科、王莉莉、胡波、唐贵谦、刘子锐、孙扬、吉东生：《京津冀区域大气霾污染研究意义、现状及展望》，载于《地球科学进展》2014 年第 29 期。

　　[36] 魏立华、闫小培：《"城中村"：存续前提下的转型——兼论"城中村"改造的可行性模式》，载于《城市规划》2005 年第 29 期。

　　[37] 周锐波、闫小培：《集体经济：村落终结前的再组织纽带——以深圳"城中村"为例》，载于《经济地理》2009 年第 4 期。

　　[38] 冯晓英：《论北京"城中村"改造——兼述流动人口聚居区合作治理》，载于《人口研究》2010 年第 6 期。

　　[39] 马航：《深圳城中村改造的城市社会学视野分析》，载于《城市规划》2007 年第 1 期。

［40］林雄斌、马学广、李贵才：《快速城市化下城中村非正规性的形成机制与治理》，载于《经济地理》2014年第6期。

［41］谭刚：《城中村经济主体、经济活动及主要特征——深圳市福田区城中村调查》，载于《开放导报》2005年第3期。

［42］周晓唯、杨爽、李莉：《二元结构制度变迁与"城中村"改造——兼论西安市"城中村"改造》，载于《西安电子科技大学学报（社会科学版）》2006年第1期。

［43］李爱荣：《城中村改造中的成员权解析》，载于《现代经济探讨》2012年第7期。

［44］陶海燕、周淑丽、卓莉：《城中村有序改造的群决策——以广州市城中村改造为例》，载于《地理研究》2014年第7期。

［45］涂胜杰、谢慧：《城中村改造途径探讨——武汉市城中村改造实践》，载于《规划师》2006年第1期。

［46］黄耿志、薛德升：《非正规经济的正规化：广州城市摊贩空间治理模式与效应》，载于《城市发展研究》2015年第3期。

［47］Townsend P. The International Analysis of Poverty ［M］. New York：Harvester Wheatsheaf，1993.

［48］汪丽、李九全：《西安城中村改造中流动人口的空间剥夺——基于网络文本的分析》，载于《地域研究与开发》2014年第4期。

［49］张京祥、胡毅、孙东琪：《空间生产视角下的城中村物质空间与社会变迁——南京市江东村的实证研究》，载于《人文地理》2014年第2期。

［50］H. Haken. Information and Self-organization ［M］，Springer-Verlag，1988：11.

［51］陈彦光：《中国城市发展的自组织特征与判据——为什么说所有城市都是自组织的?》，载于《城市规划》2006年第8期。

［52］陈彦光：《自组织与自组织城市》，载于《城市规划》2003年第10期。

［53］程开明：《城市自组织理论与模型研究新进展》，载于《经济地理》2009年第4期。

［54］程开明、陈宇峰：《国内外城市自组织性研究进展及综述》，载于《城市问题》2006 年第 7 期。

［55］崔功豪：《城市问题就是区域问题——中国城市规划区域观的确立和发展》，载于《城市规划学刊》2010 年第 1 期。

［56］吴良镛、吴唯佳：《中国特色城市化道路的探索与建议》，载于《城市与区域规划研究》2008 年第 2 期。

［57］宁越敏：《中国城市化特点、问题及治理》，载于《南京社会科学》2012 年第 10 期。

［58］宋言奇：《以"时间边疆"开发缓解我国的"城市病"》，载于《中国发展》2005 年第 3 期。

［59］Cliquet, R. L. The second demographic transition: fact or fiction? Strasbourg: Council of Europe, 1991.

［60］Hoyler M, Kloosterman R C, Sokol M. Polycentric puzzles-emerging megacity regions seen through the lens of Advanced Producer Services ［J］. Regional Studies, 2008, 42（8）: 1055－1064.

［61］霍尔、佩恩著、罗震东等译：《多中心大都市：来自欧洲巨型城市区域的经验》，中国建筑工业出版社 2010 年版。

［62］杨俊宴：《三心聚集法———一种城市中心区的区位迁移分析技术》，载于《城市规划》2013 年第 12 期。

［63］Christaller, W. Central Places in Southern Germany. Translated by W. Baskin. Englewood Vliffs, NJ: Prentice Hall, 1966.

［64］Llewelyn Davies. Four world cities: A comparative study of London, Paris, New York and Tokyo ［M］. London: Comedia. 1996.

［65］Peter Hall and Kathy Pain. The Polycentric Metropolis ［M］. London: Earthscan Publications, 2006.

［66］Ebenezer Howard. Garden Cities of Tomorrow ［M］. Biblio Bazaar, LLC, 2009.

［67］Eliel Saarinen. The city, its growth, its decay, its future ［M］. MIT Press,

Cambridge，MA. 1965.

[68] 顾朝林主编：《人文地理学导论》，载于《科学出版社》2012 年版。

[69] 冯越、陈忠暖：《国内外公共交通对城市空间结构影响研究进展比较》，载于《世界地理研究》2012 年第 4 期。

[70] 王春雷：《重大事件对城市空间结构的影响：研究进展与管理对策》，载于《人文地理》2012 年第 5 期。

[71] 叶强、曹诗怡、聂承锋：《基于 GIS 的城市居住与商业空间结构演变相关性研究——以长沙为例》，载于《经济地理》2012 年第 32 期。

[72] 秦志琴、张平宇、王国霞：《辽宁沿海城市带空间结构演变及优化》，载于《经济地理》2012 年第 10 期。

[73] 孙峻岭、林炳耀、孙琳琳：《新亚欧大陆桥东端城市群空间结构规划构想》，载于《地理研究》2012 年第 31 期。

[74] 杨青山、杜雪、张鹏、赵怡春：《东北地区市域城市人口空间结构与劳动生产率关系研究》，载于《地理科学》2011 年第 31 期。

[75] 梅志雄、徐颂军、欧阳军、史策：《近 20 年珠三角城市群城市空间相互作用时空演变》，载于《地理科学》2012 年第 32 期。

[76] 陈菁、罗家添、吴端旺：《基于图谱特征的中国典型城市空间结构演变分析》，载于《地理科学》2011 年第 31 期。

[77] 刘涛、曹广忠：《城市规模的空间聚散与中心城市影响力——基于中国 637 个城市空间自相关的实证》，载于《地理研究》2012 年第 7 期。

[78] 郭建科、韩增林、耿雅冬：《我国不同区域城市空间联系的差异分析》，载于《地域研究与开发》2012 年第 1 期。

[79] 柴彦威、肖作鹏、张艳：《中国城市空间组织与规划转型的单位视角》，载于《城市规划学刊》2011 年第 6 期。

[80] Alonso. W Loeaton and Land use ［C］. Cambridge, Mass., Harvard Univercity Press，1964.

[81] Auerbach F.，1913，"Das Gesetz der Bevokerungskonzentration"，Petermann's Geographische Mitteilungen 59：74－76.

［82］Zipf G. K. , 1949, Human Behavior and the Principle of Least Effort, Published by Addison-Wesley, Cambridge.

［83］Krugman P. , Confronting the Mystery of Urban Hierarchy. Journal of the Japanese and International Economics. 1996（10）399 – 418.

［84］Fujita M. and Mori T, Structural stability and evolution of urban systems. Regional Science and Urban Economics. 1997（27）：399 – 442.

［85］Fujita M, Thisse J F, Zenou Y. On the endogenous formation of secondary employment centers in a city ［J］. Journal of Urban Economics, 1997（11）：337 – 357.

［86］杨少华、范红忠：《多中心城市的内生形成与政府政策的影响》，载于《当代经济科学》2006 年第 6 期。

［87］European Spatial Development Perspective, ESDP ［EB/OL］. ［2014 – 04 – 11］. http：//ec. europa. eu/regional_policy/sources/docoffic/official/reports/som_en. htm.

［88］Potentials for polycentric development in Europe, ESPON Project 1. 1. 1, ［EB/OL］. ［2014 – 04 – 11］. http：//www. espon. eu/main/Menu_Projects/Menu_ESPON2006Projects/Menu_ThematicProjects/.

［89］马学广、李贵才：《欧洲多中心城市区域的研究进展和应用实践》，载于《地理科学》2011 年第 12 期。

［90］Geddes P. Cities in Evolution：An Introduction to the Town Planning Movement and to the Study of Civics ［M］. London：Williams & Norgate, 1915.

［91］Davoudi S. Polycentricity：What Does It Mean and How Is It In-terpreted in the ESDP ［C］. B-Building EURA Conference, Tu-rin, 2002.

［92］Hall , Peter Geoffrey, Pain , Kathy. The polycentric metropolis : learning from mega-city regions in Europe ［M］. Taylor & Francis, 2009.

［93］Van Oort F, Burger M, Raspe O. On the economic foundation of the urban network paradigm：Spatial integration, functional integration and economic complementarities within the Dutch Randstad ［J］. Urban Studies, 2010, 47（4）：725 – 748.

［94］柴锡贤、汤利恩、黎新：《巴黎地区的新城建设》，载于《世界建筑》1981 年第 3 期。

［95］James M. Rubenstein. The Cultural Landscape：An introduction to human geography, 7nd edition ［M］. New Jersey：person Education, Inc, 2003：97.

［96］Champion A G. A changing demographic regime and evolving polycentric urban regions ［J］. Urban studies, 2001, 38（4）：657－667.

［97］巴特·兰布雷德著、陈熳莎译：《多中心化对提升大都市区竞争力的利与弊》，载于《国际城市规划》2006 年第 23 期。

［98］宁越敏、赵新正、李仙德等：《上海人口发展趋势及对策研究》，载于《上海城市规划》2011 年第 1 期。

［99］周春山、边艳：《1982～2010 年广州市人口增长与空间分布演变研究》，载于《地理科学》2014 年第 34 期。

［100］Moomaw R. L., Shatter A. M.（1996），Urbanization and Economic Development：A Bias Toward Large Cities? Journal of Urban Economics 40（1）：pp. 13－37.

［101］陆铭、陈钊：《城市化、城市倾向的经济政策与城乡收入差距》，载于《经济研究》2004 年第 6 期。

［102］Krugman P.（1991），Geography and Trade, Cambridge：MIT Press.

［103］王德、张晋庆：《上海市消费者出行特征与商业空间结构分析》，载于《城市规划》2001 年第 10 期。

［104］管驰明、崔功豪：《城市新商业空间的区位和类型探析》，载于《城市问题》2006 年第 9 期。

［105］里查德·罗杰斯，安妮·鲍尔著，苗正民译：《小国城市》，商务印书馆 2001 年版。

［106］徐玮、宁越敏：《20 世纪 90 年代上海市流动人口动力机制新探》，载于《人口研究》2005 年第 6 期。

［107］王春兰、杨上广：《中美大都市人口空间演变与城郊冲突比较研究——以上海为例》，载于《国际城市规划》2010 年第 2 期。

［108］杨卡、张小林：《南京市人口空间变动分析》，载于《城市发展研究》2007 年第 2 期。

［109］翟振武、侯佳伟：《北京市外来人口聚集区：模式和发展趋势》，载于《人口研究》2010 年第 1 期。

［110］原新、王海宁、陈媛媛：《大城市外来人口迁移行为影响因素分析》，载于《人口学刊》2011 年第 1 期。

［111］高向东、王宇：《大城市人口分布变动与郊区化研究方法及其应用》，载于《华东师范大学学报（哲学社会科学版）》2009 年第 4 期。

［112］（美）杜安伊（Duany，A.），（美）普拉特 – 兹伊贝克（Plater-Zyberk，E.），（美）斯佩克（Speck，J.）著，苏薇等译：《郊区国家：蔓延的兴起与美国梦的衰落》华中科技大学出版社 2008 年版。

［113］Parr J B. The Polycentric Urban Region：A Closer Inspection ［J］. Regional Studies, 2004, 38（3）：231 – 240.

［114］Kloosterman R C, Musterd S. The Polycentric Urban Region：Towards a Research Agenda ［J］. Urban Studies, 2001, 38（4）：623 – 633.

［115］Spiekermann K, Wegener M. Evaluating Urban Sustainability Using Land-use Transport Interaction Models ［J］. European Journal of Transport and Infrastructure Research, 2004, 4（3）：251 – 272.

［116］Brett Hulsey, Sierra Club, Sprawl costs us all：How Your Taxes Fuel Suburban Sprawl, Washington, dc：Sierra Club. Sturm, R. 2002.

［117］阎宇：《城乡基础教育均等化的国际经验及借鉴》，载于《社会科学战线》2011 年第 9 期。

［118］吕炜、刘国辉：《中国教育均等化若干影响因素研究》，载于《数量经济技术经济研究》2010 年第 5 期。

［119］王莹：《基础教育服务均等化：基于度量的实证考察》，载于《华中师范大学学报（人文社会科学版）》2009 年第 1 期。

［120］高军波、余斌、江海燕：《城市公共服务设施空间分布分异调查》，载于《城市问题》2011 年第 8 期。

［121］魏宗财、甄峰：《深圳市又化设施时空分布格局研究》，载于《城市发展研究》2007 年第 2 期。

［122］韩志明：《公共服务均等化的空间政治学分析》，载于《探索》2009 年第 2 期。

［123］俞孔坚、王思思、李迪华、乔青：《北京城市扩张的生态底线——基本生态系统服务及其安全格局》，载于《城市规划》2010 年第 2 期。

［124］陈振明、张成福、周志忍：《公共管理理论创新三题》，载于《电子科技大学学报（社科版）》2011 年第 13 期。

［125］王双：《城市公共管理理论演进、实践发展及其启示》，载于《现代城市研究》2011 年第 10 期。

［126］孙继伟：《问题管理的理论与实践》，载于《管理学报》2010 年第 7 期。

［127］王佳宁：《社会科学研究根植问题导向》，载于《重庆社会科学》2011 年第 7 期。

［128］赵作权：《地球科学前沿走向：从学科导向到问题导向——美、中两国地球科学前沿的特点、比较与思考》，载于《科技导报》1994 年第 8 期。

［129］崔昆仑、徐颖：《城市问题导向下的步行系统规划建设刍议》，载于《安徽建筑》2006 年第 5 期。

［130］徐明：《问题导向方法在经济欠发达地区城市设计中的应用》，载于《城市发展研究》2011 年第 18 期。

［131］孙继伟：《从危机管理到问题管理》，上海人民出版社 2008 年版。

［132］贾连庆：《问题导向 VS 框架导向》，载于《企业管理》2005 年第 11 期。

［133］威廉·N·邓恩著，谢明等译：《公共政策分析导论（第四版）》，中国人民大学出版社 2011 年版。